2022中国城市地下空间发展蓝皮书

中国工程院战略咨询中心
中国岩石力学与工程学会地下空间分会
中国城市规划学会

科学出版社

北　京

内 容 简 介

城市地下空间是城市未来发展的重要增长极，其发展态势与中国的城镇化进程显著相关。中国城市地下空间发展以科技创新为动力，以产业发展为导向，以城市高质量发展为宗旨，助力实现人民对美好生活的向往。本书基于 2021 年中国城市地下空间发展的基础数据，构建了城市地下空间评价指标体系，全景式展示了中国城市地下空间发展格局与产业发展的最新成就，在不同维度和层面上揭示了地下空间与城市现代化发展的内在关系，为中国城市高质量发展提供参考。

本书适合从事城市地下空间开发利用的政府主管部门人员，规划、设计和施工技术人员及科研人员阅读使用。

京审字（2024）G 第 1238 号

图书在版编目（CIP）数据

2022 中国城市地下空间发展蓝皮书 / 中国工程院战略咨询中心，中国岩石力学与工程学会地下空间分会，中国城市规划学会著. -- 北京 ：科学出版社，2024.8. -- ISBN 978-7-03-079217-4

Ⅰ. TU92

中国国家版本馆 CIP 数据核字第 20240AC155 号

责任编辑：陈会迎 / 责任校对：贾娜娜
责任印制：张 伟 / 封面设计：有道设计

科 学 出 版 社 出版

北京东黄城根北街 16 号
邮政编码：100717
http://www.sciencep.com
北京建宏印刷有限公司印刷
科学出版社发行 各地新华书店经销

*
2024 年 8 月第 一 版 开本：787×1092 1/16
2024 年 8 月第一次印刷 印张：7 1/4
字数：169 000
定价：118.00 元
（如有印装质量问题，我社负责调换）

编 委 会

目　　录

第 1 章

地下空间发展纵览

1.1　中国新型城镇化背景下的地下空间发展格局

2021 年是第十四个五年规划的开局之年，中国深入推进以人为核心的新型城镇化战略，踏上全面建设社会主义现代化国家的新征程。2021 年，以轨道交通为主导的地下交通稳步发展，城市交通立体化、网络化程度不断提升；地下综合体持续建设，普惠便捷的公共服务供给不断完善；地下防空防灾设施配置不断优化，城市韧性与防灾减灾能力不断增强。地下空间已成为支撑城市可持续、高质量稳定发展不可或缺的一部分。

以空间分布的集聚程度来衡量，截至 2021 年底，中国城市地下空间仍延续"三带三心多片"的总体发展格局，如图 1.1.1 所示。

"三带"是指中国三条城市地下空间开发利用连绵带，分别为东部沿海带、长江经济带和京广线连绵带。

"三心"是指中国三个城市地下空间发展中心，分别为北部发展中心、东部发展中心与东南发展中心。区内地下空间开发利用整体水平领先全国，其中北部发展中心为京津冀城市群，地下空间发展以人防政策要求建设逐步向市场需求主导过渡；东部发展中心为长三角城市群，东南发展中心为粤港澳大湾区，两者地下空间发展均以市场力量为主导。

"多片"是指以各级中心城市为核心，以不同规模城市群为主体，呈多元分布的城市群地下空间发展片，分别为成渝城市群、中原城市群、山东半岛城市群、长江中游城市群、粤闽浙沿海城市群、北部湾城市群、山西中部城市群。片区的典型特征是区内城市群承载人口和经济的能力明显增强，各城市通过政府引导和市场力量共同作用推动地下空间快速发展，地下空间法治管理水平加快提升，地下空间建设量相对其他区域增长更快，城市群中心城市的地下空间发展较领先。

图 1.1.1　2021 年中国城市地下空间发展格局

城市群划分依据《中华人民共和国国民经济和社会发展第十四个五年规划和 2035 年远景目标纲要》

1.2　2021 年中国城市地下空间建设水平

　　截至 2021 年底，中国[①]城市地下空间建筑面积（含轨道交通、综合管廊等，以下简称地下空间面积）累计达 27 亿平方米。

　　2021 年，中国新增地下空间面积约 2.83 亿平方米，如图 1.2.1 所示，同比增长 9.3%；约占同期城市建（构）筑物竣工面积的 21.8%，而长三角城市群以及珠三角城市群约占 24%。

　　根据国家统计局《中华人民共和国 2021 年国民经济和社会发展统计公报》中统计的全国人口 141 260 万人计算，2021 年新增地下空间的人均面积为 0.2 平方米。

---

① 本书中除明确注明，各项统计数据均未包括香港特别行政区、澳门特别行政区和台湾省。

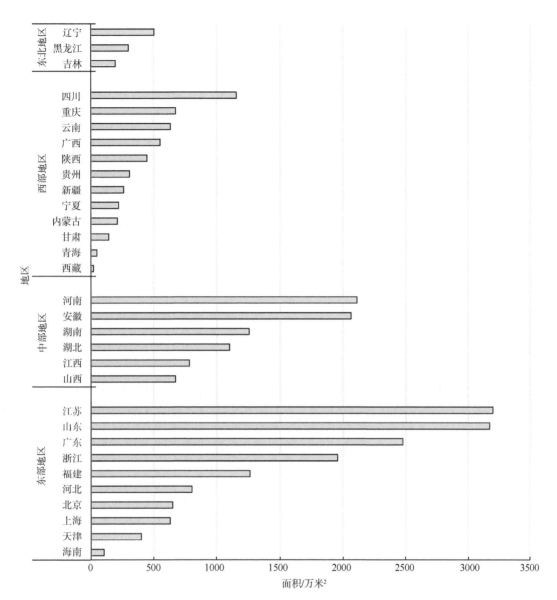

图 1.2.1 2021 年各省区市新增地下空间面积比较

资料来源：各级自然资源、发展改革、住房城乡建设、国防动员等部门，部分根据国家统计局及各级政府公布的 2022 年统计年鉴、2021 年国民经济和社会发展统计公报的数据计算得出

东部、中部、西部和东北地区划分方法依据国家统计局《东西中部和东北地区划分方法》（2011 年）

1.3 区域地下空间发展综评

依据国家统计局关于东部、中部、西部和东北地区的划分，以 2021 年为重点研究对象，分区域进行地下空间发展综合评价，以便深入剖析全国地下空间发展的区域特征，并掌握全国地下空间发展的实时动态。

1.3.1   东部地区——始终是中国城市地下空间发展核心

东部地区汇集了中国重要的社会资源、科创力量和资本市场，地下空间行业多元发展，供需市场最大，地下空间专有技术与装备的创新较为频繁，始终是中国城市地下空间发展核心。

2021 年，山东半岛城市群、粤闽浙沿海城市群地下空间建设水平与国内其他地区相比发展较快，政策完善度加快提升，成为城市群地下空间发展片。

1.3.2   中部地区——地下空间与新型城镇化同步推进

2021 年，中部地区深化落实地下空间高质量发展，并与城镇化进程同步推进。

武汉、郑州、合肥、长沙等中部地区省会城市地下空间发展水平居于区域前列。湖北省在地下空间政策法规的颁布数量与主题类型完善度方面居中部地区之首。安徽省近年来地下空间建设增速较快，但地下空间总体发展水平仍有待提高。

1.3.3   西部地区——地下空间发展势头较好

2021 年，成渝城市群地下空间发展片保持较好的发展势头，是西部地下空间领军地带；以宁夏、云南、新疆为代表的省级行政区，地下空间发展水平提升较快。

1.3.4   东北地区——地下空间发展相对平稳

2021 年，辽宁省地下空间新增面积同比有所增加，黑龙江、吉林并无显著变化。

第 2 章

城市地下空间发展综合实力评价

2.1 地下空间综合实力评价指标体系构建

随着以人为核心的新型城镇化战略深入推进，中国城市地下空间综合实力评价不仅要关注城市地下空间建设本身，同时应兼顾地下空间对经济与社会发展的贡献以及地下空间供给服务水平。

2021 年地下空间综合实力评价标准体系融合创新、协调、绿色、开放、共享的发展理念，在 2020 年构建的标准体系基础上，增加安全韧性内容，精简同类关联度较高的指标，最终形成地下空间综合实力评价指数，设置建设指标、法治支撑、重要设施、安全韧性与发展潜力五个单项指标，如图 2.1.1 所示。

图 2.1.1 城市地下空间综合实力评价体系图

2.2 2021 年城市地下空间发展综合实力 TOP 榜

根据地下空间综合实力评价体系，截至 2021 年底，中国城市地下空间发展综合实力排名前 10 位的除宁波外均为超大、特大城市①，以城市所在地区划分，东部城市占 7 席，中部城市占 2 席，西部城市占 1 席，如图 2.2.1 所示。

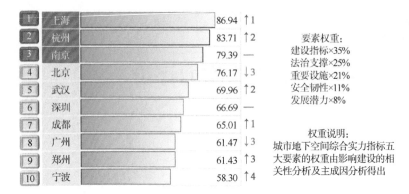

图 2.2.1   2021 年中国城市地下空间综合实力 TOP10

图中右侧符号表示 2021 年与 2020 年相比排名变化情况。其中，— 表示排名无变化，↑ 表示排名上升，↓ 表示排名下降

综合实力排名前 10 位的城市基本分布在中国城市地下空间总体发展格局的"三带三心多片"上，排名情况也印证了前文提到的中国城市地下空间发展格局与发展规律，如图 2.2.2 所示。

图 2.2.2   2021 年城市地下空间综合实力 TOP10 城市分布图

① 城市规模划分源自国务院第七次全国人口普查领导小组办公室《2020 中国人口普查分县资料》。

2.3　2021 年城市地下空间发展综合实力分项指标排名

本书将各城市置于同一地下空间评价标准体系，以此衡量和评价各城市地下空间发展的真实水平。城市地下空间发展综合实力评价单项指标最佳的城市取 100 分并作为该项评价基数，各单项评价要素指标通过加权得出地下空间综合实力指标。

2.3.1　地下空间建设指标

地下空间建设指标主要考量该城市现状建成地下空间情况、地下空间综合利用情况两个方面，2021 年地下空间建设指标排名前 10 位的城市如图 2.3.1 所示。

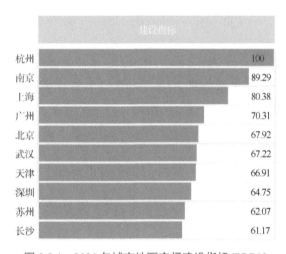

图 2.3.1　2021 年城市地下空间建设指标 TOP10

1. 现状建成地下空间情况

现状建成地下空间情况主要考量截至 2021 年底该城市地下空间的人均指标（即地下空间人均建筑面积）、建设强度与停车地下化率，详见本书第 3 章内容。

2. 地下空间综合利用情况

地下空间综合利用情况主要考量截至 2021 年底该城市地下空间非停车功能占比、轨道交通站点连通率，突出地下空间之间有效衔接与功能、交通组织的融合。

2.3.2　地下空间法治支撑

地下空间法治支撑主要考量该城市地下空间管理体制的健全程度、地下空间法规政策的完善程度两个方面。2021 年地下空间法治支撑排名前 10 位的城市如图 2.3.2 所示。

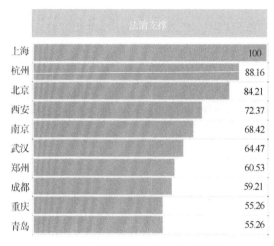

图 2.3.2　2021 年城市地下空间法治支撑 TOP10

1. 地下空间管理体制

地下空间管理体制主要考量截至 2021 年底该城市地下空间管理体制的健全程度,是否有归口管理,是否有专门的统筹管理机构等。

2. 地下空间法规政策

地下空间法规政策主要考量截至 2021 年底该城市颁布政策法规文件的总数量、主题类型(涵盖范围)等。

2.3.3　地下空间重要设施

地下空间重要设施的评价由城市地下交通设施系统、地下市政设施系统组成,2021年排名前 10 位的城市如图 2.3.3 所示。

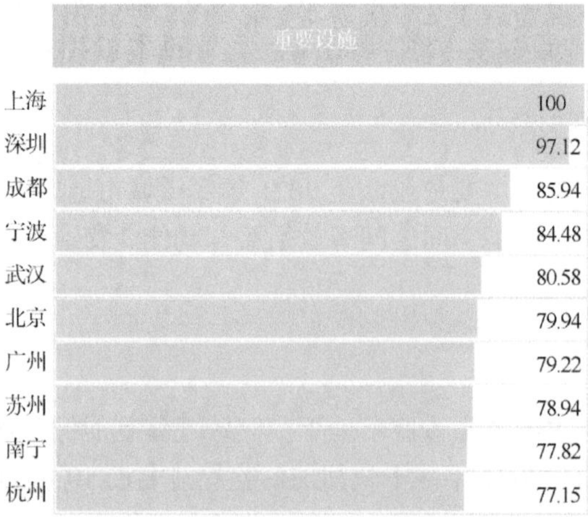

图 2.3.3　2021 年城市地下空间重要设施 TOP10

1. 地下交通设施系统

地下交通设施系统主要考量截至 2021 年底该城市建成区轨道交通线网密度、轨道交通在公共交通中的分担率、轨道交通系统客流强度，以及城区地下道路、隧道建设长度占城市道路总长度的比值。

2. 地下市政设施系统

地下市政设施系统主要考量截至 2021 年底该城市已建的综合管廊建设密度、已建成地下市政设施类型（如污水处理厂、水厂等）与市政设施地下化率，以及真空垃圾收集系统投入使用的项目数量。

2.3.4　地下空间安全韧性

地下空间安全韧性的评价反映了城市地下空间的防灾减灾能力以及公用设施对支撑城市可持续发展的配建水平，主要考量该城市地下空间安全指标、地下生命线工程配套情况、地下避难防灾空间覆盖情况。2021 年地下空间安全韧性排名前 10 位的城市如图 2.3.4 所示。

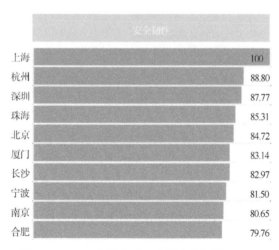

图 2.3.4　2021 年城市地下空间安全韧性 TOP10

1. 地下空间安全指标

地下空间安全指标主要考量 2021 年该城市非自然因素引起的地下空间灾害、事故发生频次与新增地下空间面积的比值，数值越小，表明新增单位面积的地下空间发生的事故概率越小，地下空间安全系数越高。

2. 地下生命线工程配套情况

城市遭受自然灾害、事故灾难、公共卫生事件和社会安全事件时，地下空间防灾减灾能力有限，本项着眼于地下生命线工程配套情况。地下生命线工程配套主要考量 2021年该城市排水强度、道路的综合管廊配建率。

3. 地下避难防灾空间覆盖情况

地下避难防灾空间覆盖情况主要考量截至 2021 年底该城市建成区地下避难防灾空间覆盖率。

2.3.5　地下空间发展潜力

地下空间发展潜力主要考量该城市地下空间专业高校配备、地下空间服务市场贡献两个方面。2021 年地下空间发展潜力排名前 10 位的城市如图 2.3.5 所示。

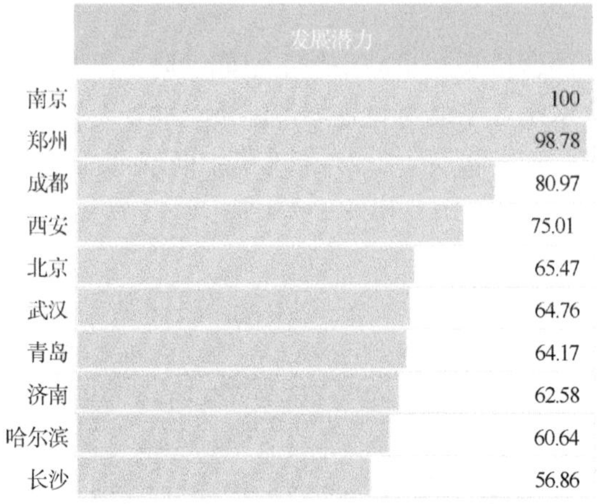

	发展潜力
南京	100
郑州	98.78
成都	80.97
西安	75.01
北京	65.47
武汉	64.76
青岛	64.17
济南	62.58
哈尔滨	60.64
长沙	56.86

图 2.3.5　2021 年城市地下空间发展潜力 TOP10

1. 地下空间专业高校配备

地下空间专业高校配备主要考量截至 2021 年底该城市开设地下空间工程本科专业的高等院校的累计数量、专业开设年限以及招生情况；该专业是否为硕、博学位授权点也作为评价指标之一。

2. 地下空间服务市场贡献

地下空间服务市场贡献主要考量 2021 年该城市地下空间规划服务供应商承接地下空间项目的收入占地区生产总值的比重。

第 3 章

城市地下空间建设评价

3.1 城市地下空间建设发展评价体系

3.1.1 调研城市

本书对 30 个县级市、170 个地级及以上城市，共 200 个城市进行调研。

3.1.2 样本城市

本书对中国各城市经济发展状况、社会基础数据、交通需求关键数据和地下空间发展指标等参数进行综合分析，按照特定的选取依据和条件，选取 100 个样本城市进行展示。

3.1.3 数据来源

数据来源为国家、各省（自治区、直辖市）及其下属市、县（县级市）政府官方网站公开的统计年鉴、统计公报、规划项目中的调研数据，以及各级自然资源、发展改革、住房城乡建设、国防动员、交通运输等主管部门网站发布的统计数据等。部分城市社会基础数据、交通需求数据、地下空间数据来源于中央媒体、刊物、中央重点新闻网站。

3.1.4 数据呈现

本书将各城市置于同一评价标准体系下，统一衡量各城市地下空间开发建设的真实水平，制作城市地下空间基础开发建设评价图。

3.1.5　统计周期

统计周期为一个自然年，指 2021 年 1 月 1 日至 2021 年 12 月 31 日。

3.1.6　评价指标

城市建设评价指标体系包括 2 类 10 个指标要素，其中地下空间指标有 4 个，即人均地下空间规模、建成区地下空间开发强度、地下空间社会主导化率、停车地下化率，如图 3.1.1 所示。

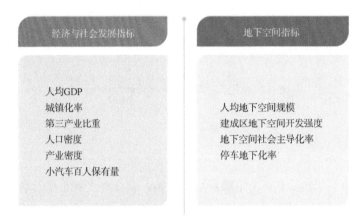

图 3.1.1　城市建设评价指标体系

通过数据采集提取、整理汇总、推算验算等方法，选取经济发展状况、社会基础数据和地下空间指标，以图形的方式进行直观的对比分析，如图 3.1.2 所示。

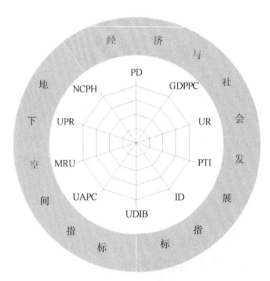

图 3.1.2　城市地下空间建设发展评价指标构成

3.1.7　蛛网图指标说明

1. PD

PD（population density，人口密度）为单位土地面积上居住的人口数。它不仅反映了地区规模对人口的承载力，也能反映地区的经济集聚能力，即人口密度越大的地区，经济集聚能力就越强。

2. GDPPC

GDPPC（GDP per capita，人均 GDP）是反映一个国家或地区经济发展和收入水平的重要指标。

人均 GDP=国内或地区生产总值/总人口

3. UR

UR（urbanization ratio，城镇化率）为一个地区城镇常住人口占该地区常住总人口的比例。城镇化率对于提升城镇化的水平与质量发挥着重要的指标导向作用，是一个国家或地区经济发展的重要标志，也是衡量一个国家或地区社会组织程度和管理水平的重要标志。

城镇化率=城镇人口/总人口（均按常住人口计算）

4. PTI

第三产业即服务业，是指除第一产业、第二产业以外的其他行业。

PTI（proportion of the tertiary industry，第三产业比重）是指第三产业占国内或地区生产总值的比重，是反映一个国家或地区所处的经济发展阶段、反映人民生活水平质量状况的重要统计指标。

5. ID

ID（industry density，产业密度）是用来反映一个国家或地区经济发展水平的重要指标，它能够准确地反映出一个国家或地区第一、二、三产业的空间布局状况和单位土地面积上的经济产出水平。

产业密度=国内或地区生产总值/国家或地区土地总面积

6. NCPH

NCPH（retain number of passenger cars per hundred people，小汽车百人保有量）是指一个地区每百人拥有小汽车的数量，一般是指在当地登记的车辆。

7. UDIB

UDIB（underground space development intensity of built-up，建成区地下空间开发强

度）为建成区地下空间开发规模（单位：万平方米）与建成区面积（单位：平方千米）之比，是衡量地下空间资源利用有序化和内涵式发展的重要指标，开发强度越高，土地利用经济效益就越高。

建成区地下空间开发强度=建成区地下空间开发规模/建成区面积

8. UAPC

UAPC（underground space area per capita，人均地下空间规模）是指城市或地区地下空间面积的人均拥有量，是衡量城市地下空间建设水平的重要指标。

人均地下空间规模=地下空间总规模/常住人口

9. MRU

MRU（market-orient ratio of underground space，地下空间社会主导化率）为城市普通地下空间规模（扣除人防工程规模）占地下空间总规模（含人防工程规模）的比例，是衡量城市地下空间开发的社会主导或政策主导特性的指标。

地下空间社会主导化率=普通地下空间规模/地下空间总规模

10. UPR

UPR（underground parking ratio，停车地下化率）为城市（城区）地下停车泊位占城市实际总停车泊位的比例，是衡量城市地下空间功能结构、基础设施配置合理程度的重要指标。

停车地下化率=地下停车泊位/城市实际总停车泊位

3.2　样本城市选取

3.2.1　选取依据

样本城市的选取依据为城市经济社会、地下空间发展等历年数据相对齐全、来源可靠、可公开获取的城市；涵盖不同行政级别，包括直辖市、省会（首府）、副省级城市、地级市、县级市；涵盖不同区域，包括东部地区、中部地区、西部地区及东北地区；涵盖不同城市规模等级，包括超大城市、特大城市、大城市、中等城市及小城市。

3.2.2　样本城市

1. 城市行政级别

100 个样本城市按城市行政级别划分，直辖市、省会（首府）、副省级城市占 36%，地级市占 56%，县级市占 8%，如图 3.2.1 所示。

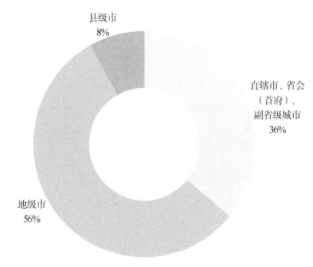

图 3.2.1　样本城市行政级别分类

2. 城市空间分布

100 个样本城市按城市空间分布划分，东部地区占 42%，中部地区占 28%，西部地区占 20%，东北地区占 10%，如图 3.2.2、图 3.2.3 所示。

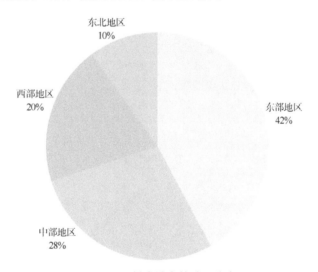

图 3.2.2　样本城市的地区分布

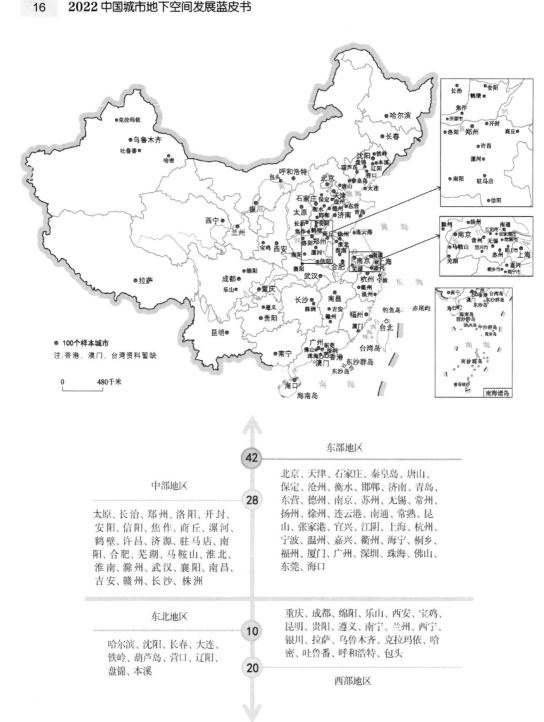

图 3.2.3 100 个样本城市的地区分布统计图

41%的样本城市位于地下空间总体发展格局的"三心",38%的样本城市位于地下空间总体发展格局的"多片",详见表 3.2.1。样本城市的评价指标比较可进一步展现城市地下空间"三带三心多片"总体发展格局的基本特征。

表 3.2.1　样本城市在地下空间总体发展格局中的分布

城市地下空间总体发展格局		占样本城市总数量的比例
"三心"—— 城市地下空间发展中心 （41 个城市）	京津冀城市群	9%
	长三角城市群	27%
	粤港澳大湾区	5%
"多片"—— 城市群地下空间发展片 （38 个城市）	山东半岛城市群	4%
	粤闽浙沿海城市群	5%
	中原城市群	16%
	长江中游城市群	6%
	成渝城市群	4%
	北部湾城市群	2%
	山西中部城市群	1%

注：有 4 个城市同时在 2 个城市群范围内

3. 城市规模等级

依据住房城乡建设部《2021 年城市建设统计年鉴》，100 个样本城市按城市规模等级划分，超大城市占 8%，特大城市占 11%，大城市占 44%（Ⅰ型大城市占 14%，Ⅱ型大城市占 30%），中等城市占 26%，小城市占 11%，如图 3.2.4 所示。

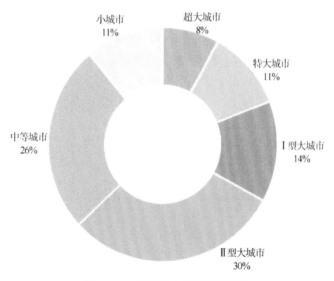

图 3.2.4　样本城市规模等级分类

3.3 样本城市地下空间建设发展评价

3.3.1 2021 年城市地下空间开发建设平稳增长

通过分析 2016—2021 年城市数据，大部分城市地下空间年均建设规模保持微增长，这六年城市人均地下空间规模的平均值整体呈平稳上升趋势，如图 3.3.1 所示。

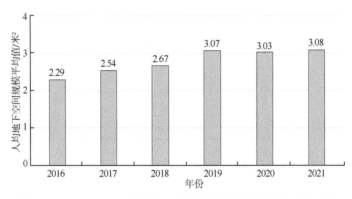

图 3.3.1   2016—2021 年城市人均地下空间规模平均值变化趋势

在选取的 100 个样本城市中，2021 年 TOP10 的城市人均地下空间规模区间为 5.31—8.48 平方米，同比 2020 年 TOP10 城市人均地下空间规模区间 5.03—8.08 平方米，整体保持了一定水平的增长。

2021 年人均地下空间规模 TOP10 城市中，位列前三的城市依次是杭州、南京、苏州。TOP10 各城市人均地下空间规模差距较大，其中在 8.0 平方米及以上的城市有杭州、南京；6.0—8.0 平方米的城市有 4 个，分别为苏州、宁波、长沙、昆山；5.0—6.0 平方米的城市有 4 个，分别为无锡、天津、北京、上海，如图 3.3.2 所示。

排名	城市	人均地下空间规模/米²	分布区域	行政级别	城市规模等级
1	杭州	8.48	东部	省会城市	特大城市
2	南京	8.19	东部	省会城市	特大城市
3	苏州	7.02	东部	地级市	Ⅰ型大城市
4	宁波	6.91	东部	副省级城市	Ⅰ型大城市
5	长沙	6.39	中部	省会城市	特大城市
6	昆山	6.25	东部	县级市	中等城市
7	无锡	5.99	东部	地级市	Ⅰ型大城市
8	天津	5.43	东部	直辖市	超大城市
9	北京	5.33	东部	直辖市	超大城市
10	上海	5.31	东部	直辖市	超大城市

图 3.3.2   2021 年人均地下空间规模 TOP10 城市

3.3.2　人均地下空间规模：直辖市、省会（首府）、副省级城市人均地下空间规模增长较为明显

2021 年直辖市、省会（首府）、副省级城市地下空间建设量较 2020 年增长较为显著，人均地下空间规模由 2020 年的 4.55 平方米增加至 4.62 平方米。

2021 年地（县）级市的城市地下空间建设水平与上一年基本持平，人均地下空间规模基本一致，连续两年人均地下空间规模基本维持在 3.4 平方米，相较于 2019 年，2020—2021 年地下空间建设规模有所降低，如图 3.3.3 所示。

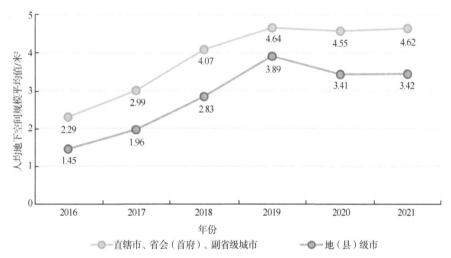

图 3.3.3　2016—2021 年直辖市、省会（首府）、副省级及地（县）级市城市人均地下空间规模平均值

3.3.3　建成区地下空间开发强度：存量时代，城市集约化更显著，城市向地下要空间，2021 年建成区地下空间开发强度进一步提高

城镇化的快速发展，对城市空间布局、承载能力、管理方式等提出新挑战，也带来了新的发展机遇，建成区地下空间开发强度进一步提高。

全国城市建成区地下空间开发强度平均水平由 2020 年 4.05 万米^2/千米^{2}提升到 2021 年 4.13 万米^2/千米^2，其中建成区地下空间开发强度 TOP10 城市的开发强度均超过 7 万米^2/千米^2，远高于全国平均水平。

结合城镇化发展"S"形曲线（诺瑟姆曲线），当城镇化率达到 70% 以后进入后期发展阶段，城镇化将由快速增长阶段进入稳定发展阶段，城乡差别会越来越小，城市集约化程度更显著。因此，城镇化率较高的城市，通常建成区地下空间开发强度较大。2021 年建成区地下空间开发强度 TOP10 城市的城镇化率均超过 70%，其中有 8 个城市的城镇化率超过 80%，昆山（城镇化率 79.20%）和江阴（城镇化率 74.82%）2 个县级市的城镇化率也较高，如图 3.3.4 所示。

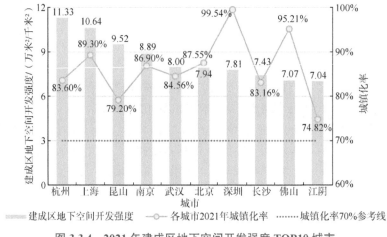

图 3.3.4　2021 年建成区地下空间开发强度 TOP10 城市

3.3.4　地下空间社会主导化率：2021 年东部地区城市地下空间社会化发展持续处于领先水平，地下空间社会主导化率排名靠前

地下空间社会主导化率超过 50% 后，表明城市地下空间开发逐步从市场需求出发，政策主导的人防功能不再占据地下空间开发的主导地位。

地下空间社会主导化率与城市规模等级、经济发展、区位条件等密切相关，2021 年地下空间社会主导化率 TOP10 城市中指标值均超过 58%，较 2020 年 TOP10 城市最低指标 55% 略有增长，地下空间开发与市场需求关联越发紧密，除人防功能以外的其他地下功能开发多样，综合化与市场化趋势明显。

在地下空间社会主导化率 TOP10 城市中，东部地区城市有 7 个，中部地区城市有 3 个，东部地区城市地下空间社会化发展持续处于领先水平。排名前三位的是杭州、广州、武汉，位于中部地区的武汉首次进入前三，中部地区的合肥、长沙位列第九、第十，中部地区地下空间社会主导化水平提升明显，如图 3.3.5 所示。

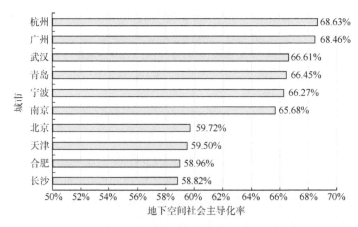

图 3.3.5　2021 年地下空间社会主导化率 TOP10 城市

　　根据调研情况分析，地下空间社会主导化率越高的城市，其人防工程使用的公益化、共享化水平越高，在改善交通拥堵、缓解停车压力等方面成效越明显。

3.3.5　停车地下化率：东部地区城市的汽车保有量大，停车地下化率相对较高

　　停车地下化率与小汽车百人保有量关联较紧密，但二者之间并非正相关的关系，小汽车百人保有量过多的城市，其停车地下化率反而偏低；小汽车百人保有量处于中间水平的城市，其停车地下化率一般偏高。在 100 个样本城市中，停车地下化率超过 30%的城市有 12 个，其中停车地下化率为 50%及以上的城市有杭州、南京；停车地下化率为 40%—50%的城市有 6 个，分别是上海、天津、广州、深圳、北京、武汉；停车地下化率为 30%—40%的城市有 4 个，分别是厦门、江阴、重庆、郑州（图 3.3.6）。这些城市地下停车规模一般占城市地下空间总体规模的比例在 75%左右，全市私人汽车百人保有量在 20—24 辆。

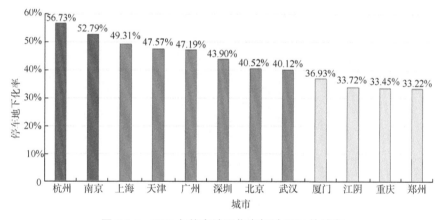

图 3.3.6　2021 年停车地下化率超过 30%的城市

　　整体来看，东部地区城市的汽车保有量大，停车地下化率相对也高，部分Ⅱ型大城市、中等城市的停车压力相对略小；西部及东北地区部分大中城市汽车保有量小，停车地下化率不高，城市停车压力相对也小。

3.3.6　样本城市地下空间建设指标

1. 直辖市、省会（首府）、副省级城市比较分析

选取 36 个直辖市、省会（首府）及副省级城市进行指标比较与分析。

1）城市经济、社会相关指标

36 个直辖市、省会（首府）及副省级城市的经济社会发展水平普遍较高，其人均地

区生产总值、城镇化率、第三产业比重普遍高于全国平均水平，有 18 个城市的人均地区生产总值超过 10 万元，31 个城市的城镇化率超过 70%，30 个城市的第三产业比重高于全国平均水平；人口密度及产业密度方面，因城市面积、建成区范围较大，相比较全国平均水平优势不明显，有 20 个城市人口密度高于全国平均水平，16 个城市产业密度高于全国平均水平，相关指标情况如图 3.3.7、图 3.3.8 所示。

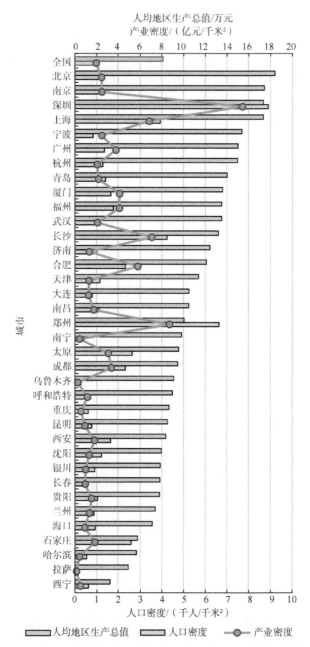

图 3.3.7　直辖市、省会（首府）、副省级样本城市的人均地区生产总值、人口密度、产业密度指标

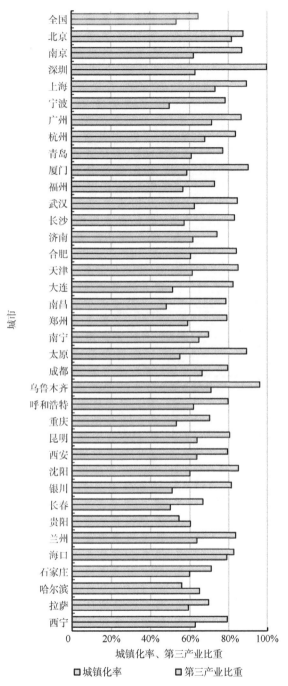

图 3.3.8 直辖市、省会（首府）、副省级样本城市的城镇化率、第三产业比重指标

2）城市地下空间指标

A. 人均地下空间规模

人均地下空间规模与建成区地下空间开发强度大致是正相关的，发展趋势基本一致。全国城市人均地下空间规模平均值为 3.08 平方米，36 个直辖市、省会（首府）及副

省级城市中只有 8 个城市低于平均值，分别是石家庄、昆明、乌鲁木齐、长春、拉萨、兰州、银川、西宁（图 3.3.9）。与 2020 年相比，2021 年人均地下空间规模大于 5.0 平方米的直辖市、省会（首府）及副省级城市数量微增加，由 9 个增加至 10 个。

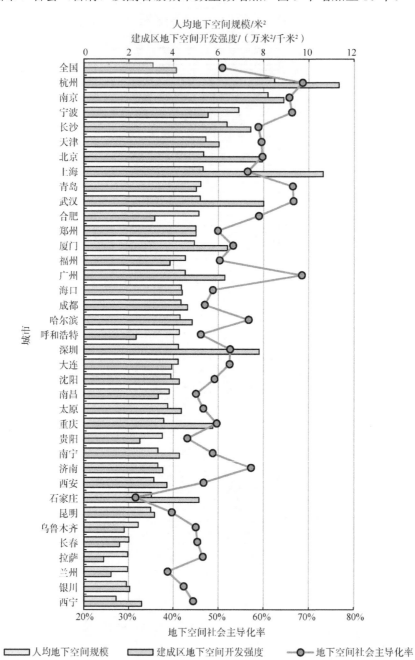

图 3.3.9　直辖市、省会（首府）、副省级样本城市的人均地下空间规模、建成区地下空间开发强度及地下空间社会主导化率指标

B. 建成区地下空间开发强度

全国城市建成区地下空间开发强度平均值为 4.13 万米 ^{2}/千米 ^{2}，36 个直辖市、省会（首府）及副省级城市中有 15 个城市低于平均值，分别是大连、福州、西安、济南、南昌、合肥、昆明、西宁、贵阳、呼和浩特、银川、乌鲁木齐、长春、兰州、拉萨。建成区地下空间开发强度超过 7 万米 ^{2}/千米 ^{2} 的城市有 7 个，依次为杭州、上海、南京、武汉、北京、深圳、长沙。

C. 地下空间社会主导化率

人防工程作为地下空间的刚性建设内容，是城市的安全底线，地下空间社会主导化率超过 50%表明城市地下空间开发逐步从市场需求出发，政策主导的人防功能不再占据地下空间开发的主导地位。

截至 2021 年底，36 个直辖市、省会（首府）及副省级城市中地下空间社会主导化率超过 50%的城市共有 17 个，包括杭州、广州、武汉、青岛、宁波、南京、北京、天津、合肥、长沙、济南、哈尔滨、上海、厦门、深圳、大连、福州，其地下空间开发与市场需求关联紧密，除人防功能以外的其他地下功能开发多样化，综合化与市场化趋势明显。

D. 停车地下化率

全国城市停车地下化率平均值为 17.41%，36 个直辖市、省会（首府）及副省级城市中低于平均值的城市有 12 个，分别是西安、福州、石家庄、合肥、南宁、贵阳、昆明、兰州、西宁、长春、银川、拉萨；停车地下化率超过 40%的城市分别是杭州、南京、上海、天津、广州、深圳、北京、武汉。

如图 3.3.10 所示，整体来看，东部地区部分 II 型大城市、中等城市停车压力相对略小；西部及东北地区部分大中城市小汽车百人保有量小，停车地下化率不高，城市停车压力相对也小。

2. 地（县）级市比较分析

选取 56 个地级市和 8 个县级市，共 64 个地（县）级市作为样本城市进行比较与分析。

1）城市经济、社会发展相关指标

分析 64 个地（县）级市的样本数据，可得人均地区生产总值、人口密度、产业密度指标较高的城市大部分分布在长三角城市群和珠三角城市群，与中国城市地下空间发展格局基本吻合。

64 个地（县）级市中，人均地区生产总值高于全国平均水平的城市有 32 个；城镇化率高于全国平均水平的城市有 31 个，其中 16 个城市位于地下空间总体发展格局的"三心"，即京津冀城市群、长三角城市群、粤港澳大湾区地下空间发展中心，其城镇化率排名普遍靠前；人口密度高于全国平均水平的城市有 20 个，均高于 100 人/千米 ^{2}，排名前 5 位的城市包括安阳、焦作、无锡、洛阳、邯郸，河南作为人口大省，省内各市市区人口密度普遍较高。

产业密度与人均地区生产总值、人口密度、第三产业比重、城镇化率呈正相关趋势，64 个地（县）级市的样本城市中，产业密度排名靠前的城市包括嘉兴、温州、昆山、江阴、无锡（图 3.3.11），均位于长三角城市群。

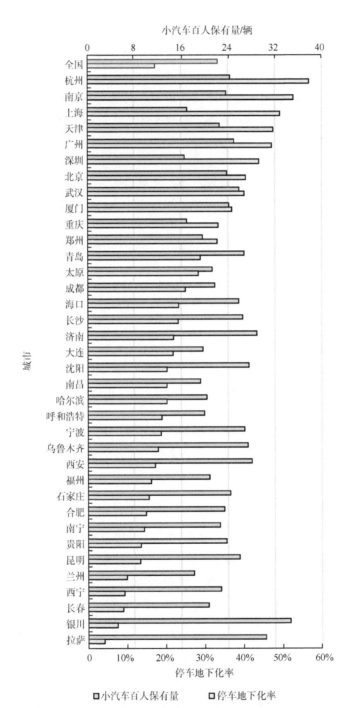

图 3.3.10 直辖市、省会（首府）、副省级样本城市的小汽车百人保有量与停车地下化率

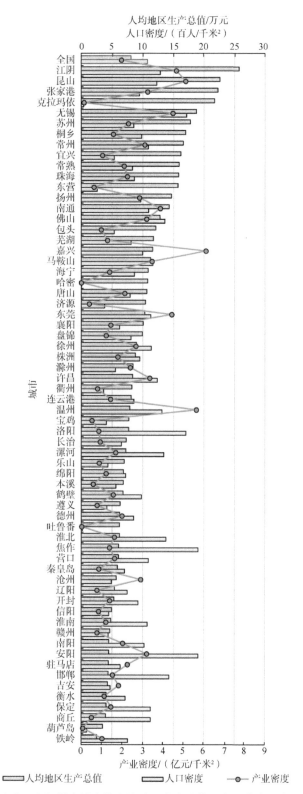

图 3.3.11　地（县）级样本城市的人均地区生产总值、人口密度、产业密度比较

64 个地（县）级市中，第三产业比重超过 40% 的城市有 54 个，经济发展较好的江苏省及浙江省的样本城市第三产业比重相对平稳，基本都位于前 20 位。样本城市的城镇化率、第三产业比重如图 3.3.12 所示。

2）城市地下空间指标

A. 人均地下空间规模

全国人均地下空间规模平均值为 3.08 平方米，64 个地（县）级市的样本城市中高于全国平均水平的城市有 35 个，其中东部地区城市 22 个、中部地区城市 6 个、西部地区城市 2 个、东北地区城市 5 个。人均地下空间规模在 4.0 平方米以上的城市有 15 个，相比 2020 年的 13 个，2021 年的样本城市人均地下空间规模略有增长；人均地下空间规模在 4.5 平方米以上的城市有 8 个，依次为苏州、昆山、无锡、嘉兴、江阴、温州、马鞍山、滁州，均处于中国城市地下空间发展格局的"三心"上，其中江浙地区有 6 个，江浙地区经济发达，地下空间发展亦处于领先地位。

B. 建成区地下空间开发强度

全国建成区地下空间开发强度平均值为 4.13 万米^2/千米^2，64 个地（县）级市的样本城市中高于全国平均水平的城市有 22 个，其中超过 7.0 万米^2/千米^2 的城市有 3 个，依次为昆山、佛山、江阴；建成区地下空间开发强度为 5.0 万—7.0 万米^2/千米^2 的城市共有 9 个，4.0 万—5.0 万米^2/千米^2 的城市有 11 个。

C. 地下空间社会主导化率

全国地下空间社会主导化率平均值为 50.86%，64 个地（县）级市的样本城市中高于全国平均水平的城市有 29 个，其中东部地区城市 14 个、中部地区城市 11 个、西部地区城市 3 个、东北地区城市 1 个（图 3.3.13）。东部地区城市经济发展快，市场相对开放，对地下空间需求较大，地下空间功能复合性较高。

D. 停车地下化率

全国停车地下化率平均值为 17.41%，直辖市、省会（首府）、副省级城市停车地下化平均水平普遍高于地（县）级市，在 64 个地（县）级市的样本城市中高于全国平均水平的城市有 16 个，其中东部地区城市 11 个、中部地区城市 4 个、东北地区城市 1 个。

地（县）级样本城市的停车压力普遍低于直辖市、省会（首府）及副省级城市，64 个地（县）级市的样本城市中，停车压力较小的城市主要分布在中部地区滁州、芜湖、淮北、淮南、马鞍山、漯河、鹤壁等，西部地区的宝鸡、吐鲁番、哈密等，东北地区的铁岭、本溪、辽阳、营口等。

64 个地（县）级样本城市的小汽车百人保有量与停车地下化率如图 3.3.14 所示。

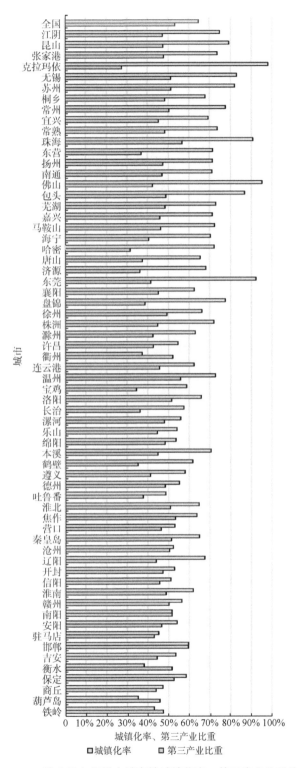

图 3.3.12　地（县）级样本城市的城镇化率、第三产业比重比较

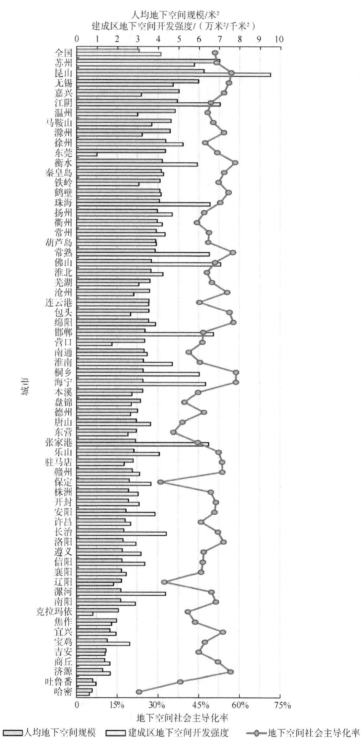

图 3.3.13　地（县）级样本城市的人均地下空间规模、建成区地下空间开发强度

及地下空间社会主导化率比较

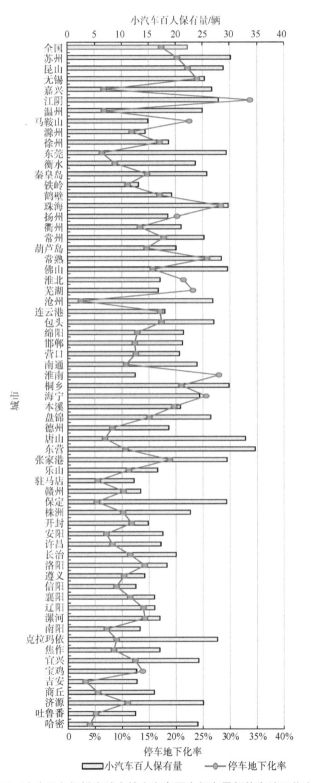

图 3.3.14 地（县）级样本城市的小汽车百人保有量与停车地下化率比较

第 4 章

地下空间法治建设

本书聚焦地下空间政策法规与司法案件,总结至 2021 年底中国地下空间法治建设的状况与需求,为未来进一步完善地下空间法律法规提供参考。

4.1　政策法规概述

2021 年我国颁布的有关城市地下空间政策法规文件共 76 部,包括法律法规、规章、规范性文件等,同比增长 18.75%,如图 4.1.1 所示。

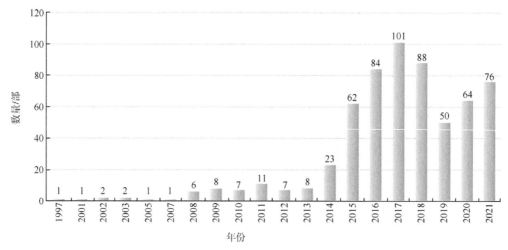

图 4.1.1　1997—2021 年中国城市地下空间政策法规文件统计图

2021 年贵阳市颁布了《贵阳市地下空间开发利用条例》,这是中国第五部直接针对地下空间管理的地方性法规,也是西部地区第一部地下空间管理的地方性法规,标志着该市地下空间开发利用将纳入法治化管理。

截至 2021 年底,天津、上海、长春、青岛、贵阳陆续颁布实施了地下空间管理的地方性法规,见表 4.1.1。成都、沈阳等城市的地下空间管理地方性法规已进入草案征求阶段，将陆续颁布实施。地方性法规数量的增加，标志着各地对地下空间法治体系建设的需求增加，这也为国家层面制定上位法律奠定了基础。

表 4.1.1   历年直接针对城市地下空间的地方性法规统计一览表

序号	名称	公布时间	实施时间	批准部门
1	天津市地下空间规划管理条例	2008 年 11 月 5 日	2009 年 3 月 1 日	天津市人民代表大会常务委员会
2	上海市地下空间规划建设条例	2013 年 12 月 27 日	2014 年 4 月 1 日	上海市人民代表大会常务委员会
3	长春市城市地下空间开发利用管理条例	2016 年 12 月 15 日	2017 年 1 月 1 日	长春市人民代表大会常务委员会
4	青岛市地下空间开发利用管理条例	2020 年 6 月 12 日	2020 年 7 月 1 日	青岛市人民代表大会常务委员会
5	贵阳市地下空间开发利用条例	2021 年 9 月 29 日	2022 年 1 月 1 日	贵阳市人民代表大会常务委员会

4.2   政策法规特征解析

4.2.1   适用层次

依据 2021 年颁布的城市地下空间政策法规文件的适用范围，适用于全国的共 3 部，适用于省、自治区、直辖市的共 16 部，适用于地、市、州的共 49 部，适用于区、县（县级市）的共 8 部。

适用于地、市、州层面的地下空间政策法规文件数量依然最多，占到总数量的 64.5%，适用于全国的数量最少，仅占 3.9%（图 4.2.1），国家层面城市地下空间政策法规的制定仍需加强。

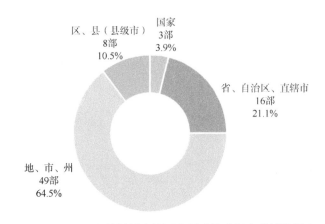

区、县（县级市）
8 部
10.5%

国家
3 部
3.9%

省、自治区、直辖市
16 部
21.1%

地、市、州
49 部
64.5%

图 4.2.1   2021 年涉及城市地下空间政策法规文件适用层次

4.2.2   空间分布

2021 年颁布的地下空间政策法规文件，主要集中在东部地区，其次分布在中部和西部地区，东北地区有关地下空间政策法规文件相对较少，如图 4.2.2 所示。

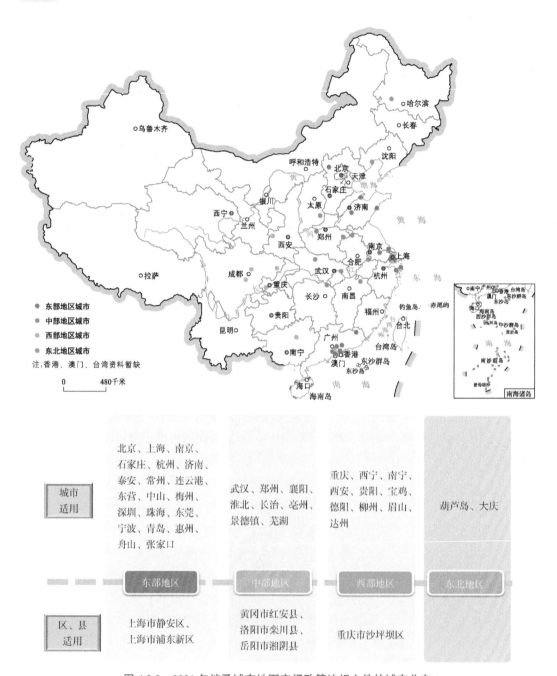

图 4.2.2   2021 年涉及城市地下空间政策法规文件的城市分布

地下空间政策法规颁布城市的空间分布，在一定程度上与城市经济发展水平、城镇化发展阶段、城市地下空间开发利用程度相关，以经济水平相对较好、地下空间开发利用相对发达的城市为主。

4.2.3　类型与发布主体

2021 年，未颁布直接针对城市地下空间的全国性法律法规及部门规章；颁布地方性法规 7 部，地方政府规章 11 部，各类规范性文件共 58 部，占总数量的 76.3%，如图 4.2.3 所示。

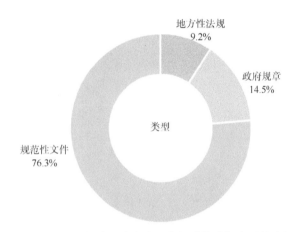

图 4.2.3　2021 年涉及城市地下空间政策法规类型的分析

2021 年颁布直接针对城市地下空间开发利用管理的地方性法规仅 1 部，颁布综合管廊、地下管线等有关的城市地下空间设施的法律法规共 6 部。

2021 年有关城市地下空间政策法规文件的颁布主体分别为国务院各部委、地方人大（常委会）、地方人民政府，其中地方人民政府共颁布 66 部，占全年颁布总数量的 86.8%，如图 4.2.4 所示。地下空间政策法规文件颁布主体占比与往年基本一致。

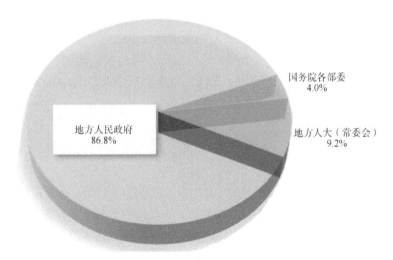

图 4.2.4　2021 年涉及城市地下空间政策法规颁布主体的分析

4.2.4 主题类型

2021 年颁布的有关城市地下空间政策法规文件主题类型可分为五类，包括地下空间开发利用管理类、地下空间使用管理类、地下空间资源权属类、地下空间设施类、地下空间相关类[①]，如图 4.2.5 所示。

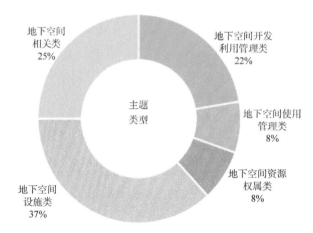

图 4.2.5　2021 年涉及城市地下空间政策法规文件的主题类型

2021 年颁布数量最多的主题类型依然是地下空间设施类，但数量较 2020 年有所下降。

2021 年颁布直接针对城市地下空间开发利用管理类的政策法规文件达到 17 部，较 2020 年增加 6 部。更多城市重视了地下空间开发利用管理、使用管理与资源权属，相应类型的政策法规文件数量与占比同比增长。

2021 年，城市地下空间政策法规文件除了对管理职责、规划管理、开发建设、登记使用、服务保障等重要内容进行了规范，还呈现逐渐多样化、结合本地特色化等特点，例如，《贵阳市地下空间开发利用条例》结合实际，因地制宜地制定了合理开发利用山体、广场、学校操场、城市绿地等地下空间进行重要产业及市政公共服务设施的开发建设等特色性规定。

4.3 司法案件

在中国裁判文书网上进行检索分析，2021 年涉及地下空间、地下停车、地下室等有关司法案件 1168 例，以合同、物权纠纷为主。涉及地下空间的司法案件主要包括刑事、民事、执行、行政等案由，其中，民事案由达到 1093 例，占案件总数量的 93.6%。

---

① 地下空间相关类：本书中 2021 年地下空间相关类政策法规文件主要为机动车停车场建设管理法规、规章和规范性文件，文件中仅部分条目涉及地下空间、地下停车，文件的主要适用对象非地下空间，因此未纳入地下空间设施类。

4.3.1　案由出发的迫切立法需求

地下空间开发利用中投资者关心的地下建筑物的权属登记问题、量大面广的结建人防地下室的产权问题、高层住宅楼下的地下车库产权问题、相邻工程连通等问题，还未有专门的明确规定，造成目前政府各部门之间、投资者与政府之间、投资者与投资者之间没有相关法律法规依据，思想不统一，纠纷较多。2021 年涉及地下空间案件的案由词频如图 4.3.1 所示。地下空间应加强产权、合同等有关立法。

图 4.3.1　2021 年涉及地下空间案件的案由词频图

4.3.2　案件地域分布数量与建设规模密切相关

涉及地下空间的司法案件地域分布广，全国除西藏外，各地均有分布。除去最高人民法院裁决的 4 例外，其余 1164 例案件中数量最多的为湖南（图 4.3.2），各地区案例数量分布基本与地下空间总体规模排序保持一致。

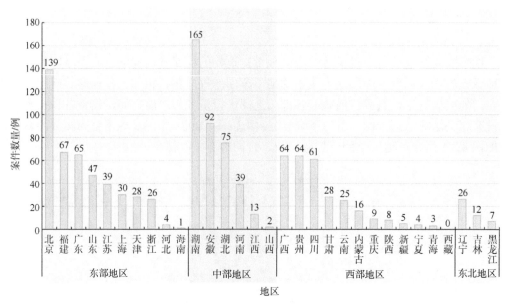

图 4.3.2   2021 年涉及地下空间司法案件地域分布及数量

不含最高人民法院裁决的案例

第 5 章

地下空间行业与市场

目前，中国地下空间产业体系在轨道交通、市政等传统方向以及地下储能等新兴发展方向都显示出强大的市场潜力，处于地下空间总体发展格局"三带三心多片"中的城市，已基本形成地下空间行业的学科化、专业化、职业化。

本书以地下空间各行业对国民经济发展影响的程度、科技水平以及国家战略需求等作为评判标准，聚焦轨道交通、综合管廊、地下空间规划服务等地下空间利用的行业市场，总结地下空间产业体系发展状况和趋势，为未来地下空间产业发展提供参考。

5.1 轨 道 交 通

5.1.1 发展简述

1. "十四五"开局城市轨道交通建设热度不减

据中国城市轨道交通协会发布的《城市轨道交通 2021 年度统计和分析报告》，截至 2021 年底，中国共有 50 个城市开通了城市轨道交通，新增洛阳、嘉兴、绍兴、文山、芜湖 5 市（图 5.1.1），运营线路总长度 9206.8 公里。其中 40 个城市开通了地铁，新增洛阳、绍兴 2 市，运营线路总长度 7209.7 公里。

2021 年新增城市轨道交通运营里程 1237.1 公里，同比增长 15.5%（图 5.1.2），其中，新增地铁运营里程 928.8 公里。

2. 东部地区城市轨道交通建设势头强劲

2021 年，新增轨道交通运营里程 TOP10 城市中，东部地区占据六席。TOP10 城市中，上海以 102.0 公里的新增运营里程位居榜首，武汉、广州分别以 96.9 公里、58.3 公里的新增运营里程位列第二、三位，如图 5.1.3 所示。

从空间分布上看，东部地区城市轨道交通建设仍处于快速发展期，为城市功能布局优化、提能升级注入强劲动力。

图 5.1.1 截至 2021 年底中国城市轨道交通运营城市分布图

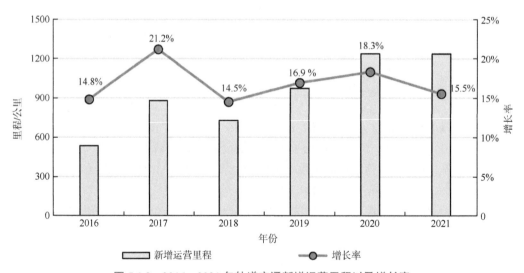

图 5.1.2 2016—2021 年轨道交通新增运营里程以及增长率

资料来源：中国城市轨道交通协会发布的《城市轨道交通 2021 年度统计和分析报告》

3. "双碳"背景下，轨道交通引领城市绿色出行

轨道交通作为大容量公共交通基础设施，是引导城市绿色低碳出行的骨干交通方式，是城市交通领域实现"双碳"目标的重要举措。

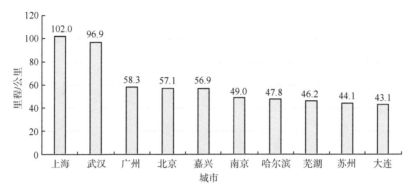

图 5.1.3　2021 年城市轨道交通新增运营里程 TOP10 城市

资料来源：中国城市轨道交通协会发布的《城市轨道交通 2021 年度统计和分析报告》

1）轨道交通服务水平进一步提升

本书重点选取轨道交通站点 500 米范围内覆盖建成区比率（以下简称轨道站点 500 米覆盖率）、建成区轨道交通线网密度作为衡量城市轨道交通服务水平指标。

A. 轨道站点 500 米覆盖率

截至 2021 年底，城市轨道站点 500 米覆盖率均值为 14.6%，同比增长 0.9 个百分点。其中，上海以轨道站点 500 米覆盖率 30.7% 位居第一位，苏州、佛山分别以轨道站点 500 米覆盖率 27.9%、24.9% 位居第二、三位，如图 5.1.4 所示。

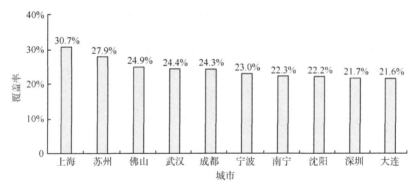

图 5.1.4　2021 年城市轨道站点 500 米覆盖率 TOP10 城市

B. 建成区轨道交通线网密度

截至 2021 年底，城市建成区轨道交通线网密度均值为 0.29 千米/千米^2，同比增加 0.02 千米/千米^2。其中，上海以建成区轨道交通线网密度 0.75 千米/千米^2 位居第一位，成都、北京分别以建成区轨道交通线网密度 0.62 千米/千米^2、0.58 千米/千米^2 位居第二、三位，如图 5.1.5 所示。

2）轨道交通成为市民公交出行"主力军"

2021 年，城市轨道交通客运量占公共交通客运量的比率（以下简称轨道交通公交分担率）为 43.4%。其中，上海以轨道交通公交分担率 66% 位居第一，广州、深圳、成都、南京、北京、杭州、南宁等 7 个城市轨道交通公交分担率均在 50% 及以上，如图 5.1.6 所示。

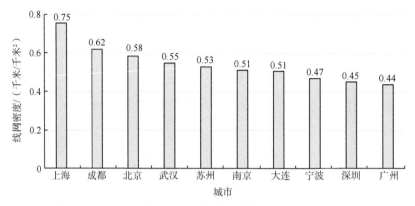

图 5.1.5　2021 年城市建成区轨道交通线网密度 TOP10 城市

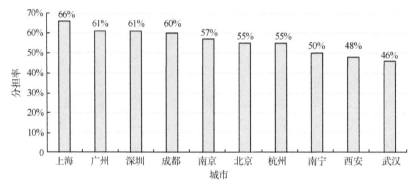

图 5.1.6　2021 年城市轨道交通公交分担率 TOP10 城市

随着线网规划建设的推进，轨道交通在城市公共交通领域的作用日益突出，成为构建城市绿色出行体系、推动城市高质量发展的重要途径之一。

4. 以地铁为主导，多制式协同发展

中国城市轨道交通制式类型以地铁为主。2021 年地铁运营线路长度占轨道交通运营线路总长度的 78.3%；其他制式轨道交通占比 21.7%（图 5.1.7），包括轻轨、跨座式单轨、市域快轨、有轨电车、磁浮交通、自导向轨道系统、电子导向胶轮系统和导轨式胶轮系统等。

整体上看，我国城市轨道交通已形成以地铁为主导、多种制式协同发展的格局。地铁作为城市轨道交通的主要制式，极大地推动了城市地下空间的开发利用。轻轨、有轨电车等中低运能的城市轨道交通作为非主流发展方向，有待进一步探索和实践。

从单个城市来看，运营 2 种及以上制式轨道交通的有 20 个城市，占已开通轨道交通城市的 40%。其中，上海、北京、广州、南京、重庆、成都等超大、特大城市均运营 3 种及以上制式轨道交通，城市轨道交通线网功能层次相对清晰，为中心城区、郊区以及同城化发展提供了不同运能、不同制式、不同标准的服务。

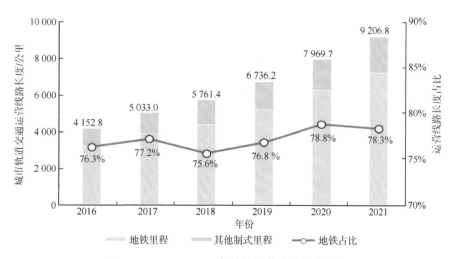

图 5.1.7　2016—2021 年地铁运营线路长度占比

资料来源：中国城市轨道交通协会发布的《城市轨道交通 2021 年度统计和分析报告》

5.1.2　地下轨道站微空间发展

本书提出的地下轨道站微空间，即国内轨道交通站点辐射半径范围内（500 米）地下空间总和，且能与站点直接或间接连通。其中，地下轨道站连通率（以下简称连通率）是衡量地下轨道站微空间开发综合化的重要指标之一。

连通率是指地下轨道站址边界线外扩 500 米范围内，与站点直接或者间接连通的地块数量占范围内地块总数量（超过 1/2 用地面积位于地下轨道站址边界线外扩 500 米范围内的地块计算在内）的比例。

1. 站微空间发展仍是中心驱动型，市郊区潜力待进一步发掘

2021 年地下轨道站微空间新增数量与同期新增轨道交通运营里程正相关，2021 年新增 46 处地下轨道站微空间，主要分布在北京、上海、武汉、哈尔滨等新增运营里程较多的城市，其中北京以新增 6 处地下轨道站微空间居首，如图 5.1.8 所示。

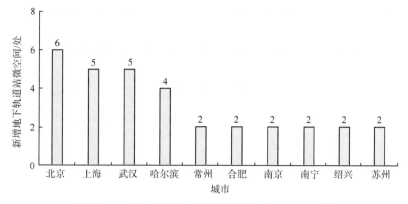

图 5.1.8　2021 年新增地下轨道站微空间 TOP10 城市

对新增 46 处地下轨道站微空间连通情况进行分析，2021 年，平均连通率为 11.52%，相较于 2020 年，连通率下降约 3 个百分点。

新增城市轨道交通运营里程 TOP10 城市中，除嘉兴、芜湖为新开通轨道交通的城市外，其他城市平均连通率有所下降（图 5.1.9），其中广州、大连未新增地下轨道站微空间。

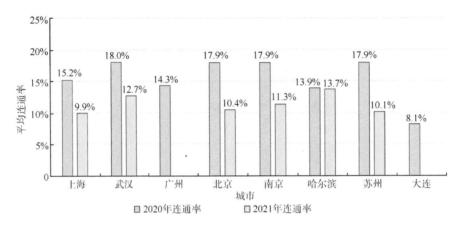

图 5.1.9 2021 年新增城市轨道交通运营里程 TOP10 城市平均连通率变化
图中不包括 2021 年新开通轨道交通城市嘉兴、芜湖

由于上海、北京、广州、武汉等城市在同城化发展当中，城市轨道交通线网逐渐向市郊区延伸，受区位、客流规模、周边设施配套等因素影响，轨道交通站点与周边物业连通的需求相对较低，如北京地铁昌平线、S1 线、首都机场线，上海地铁 15 号线，等等。

由此可见，在城市轨道交通网络化发展过程中，市郊区地下轨道站微空间对周边物业的带动能力相对较弱，潜力尚待进一步发掘。

2. 商业商务中心型地下轨道站微空间是驱动站点综合化开发的主力

基于轨道交通站点分级，考虑站点周边用地性质及区位等因素，可将地下轨道站微空间划分为商业商务中心型、交通枢纽型、公共服务中心型及城市特色型（如历史街区、旅游景区等）。

2021 年新增的 46 处地下轨道站微空间中，商业商务中心型 39 处，占比 84.78%，交通枢纽型 7 处，占比 15.22%（图 5.1.10），和 2021 年相比未发生较大变化。

现阶段，地下轨道站微空间开发在满足交通功能的基础上，重点以"人的需求"为驱动，导入商业、商务、文化娱乐等多元功能，形成轨道交通站点与周边物业综合化开发模式。

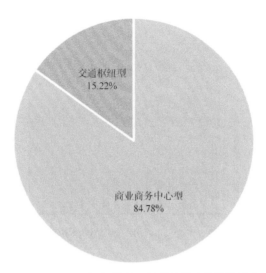

图 5.1.10　2021 年新增地下轨道站微空间类型占比

3. 政策持续利好地下轨道站微空间向综合开发迈进

我国现行的地下空间的法律法规以及相关标准规范如《中华人民共和国城乡规划法》《城市地下空间开发利用管理规定》对地下空间开发利用大多为原则性表述，实施性、操作性不强。

为发挥轨道交通站点对城市发展的引领带动作用，提高轨道交通站点周边土地集约节约利用水平，继上海、广州、成都等城市之后，2021 年，苏州、郑州、南通等城市相继出台轨道交通站点及周边土地综合化开发利用的相关政策。例如，苏州出台《关于加快推进苏州市轨道交通场站及周边土地综合开发利用的实施意见》，明确通过同步规划、统筹实施，促进土地资源集约利用和城市功能结构优化，建立符合苏州发展实际的轨道交通场站综合开发利用模式；南通市印发《关于推进轨道交通场站及周边土地综合开发的实施意见》提出统筹推进轨道交通场站及周边土地综合开发利用工作，编制轨道交通综合开发专项规划。

以政策为支撑，强化规划统筹，推动城市轨道交通建设和周边土地开发协同发展，有利于实现轨道交通与城市发展良性互动融合，可持续发展。

5.2　综　合　管　廊

5.2.1　建设概览

根据住房城乡建设部发布的《城市建设统计年鉴》，以及各级自然资源、发展改革、住房城乡建设部门官网中综合管廊的公开数据等，截至 2021 年底，中国综合管廊已建长度达到 6786.86 公里，其中，四川、山东、广东已建长度位居前三，如图 5.2.1 所示。

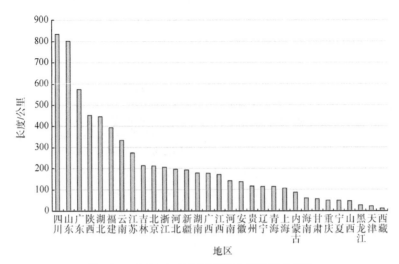

图 5.2.1　2021 年各省区市综合管廊总长统计

资料来源：根据住房城乡建设部发布的《城市建设统计年鉴》，以及各级自然资源、发展改革、住房城乡建设部门官网中综合管廊的公开数据整理

　　2021 年综合管廊新增竣工长度为 1152.36 公里，其中，广东为当年综合管廊新增竣工长度最长的省份，达 160.17 公里，如图 5.2.2 所示。

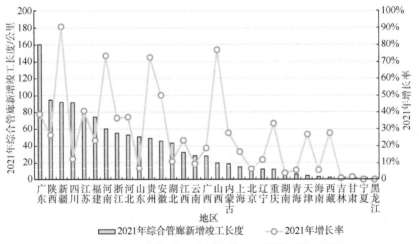

图 5.2.2　2021 年各省区市综合管廊新增竣工情况统计

资料来源：根据住房城乡建设部发布的《城市建设统计年鉴》，以及各级自然资源、发展改革、住房城乡建设部门官网中综合管廊的公开数据整理

5.2.2　综合管廊规划市场回温

1. 2021 年综合管廊规划市场

2021 年，全年综合管廊规划市场总规模 2201.3 万元（以公开招标信息[①]中的中标金

---

　　① 数据来源：中国政府采购网及各级政府公共资源交易中心官网。

额计算，部分项目未公开中标金额，以招标限价统计），同比增长 57%。

2021 年第一季度和第二季度，新冠疫情对我国综合管廊规划市场造成严重冲击，第三季度市场复苏，第四季度市场呈现爆发式增长，占全年综合管廊规划市场总规模的 86%。

第一季度、第二季度以招标前期准备工作为主，且多个项目因疫情因素延期，第三季度仅 2 个项目，市场规模约 318 万元；第四季度共 11 个综合管廊规划项目，主要集中在地级市核心区或新区，市场总规模约 1884 万元，如图 5.2.3 所示。

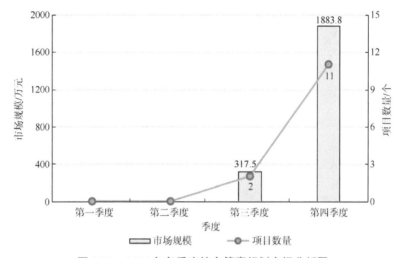

图 5.2.3　2021 年各季度综合管廊规划市场分析图

资料来源：根据中国政府采购网及各级政府公共资源交易中心官网中"综合管廊"的招标信息与中标公告整理绘制

2021 年综合管廊规划服务市场以单个项目编制经费统计，编制经费在 200 万（含）—500 万元的项目较多，占市场总规模的 48%；其次是 500 万元及以上的项目，占市场总规模的 27%，如图 5.2.4 所示。

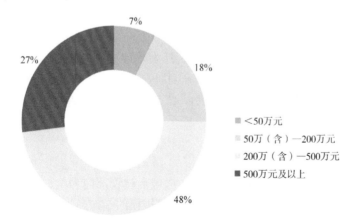

图 5.2.4　2021 年综合管廊规划项目单个项目编制经费区间分析图

资料来源：根据中国政府采购网及各级政府公共资源交易中心官网中"综合管廊"的招标信息与中标公告整理绘制

2. 市场由中东部逐步向西南部扩张

2021 年,环渤海地区、长三角等区域全年城市综合管廊规划市场份额为 1709.4 万元,占市场总规模约 78%。受中部及西南部城市经济社会发展需求的驱动,河南、重庆、四川、广西、江西等省市的市场规模达到 491.9 万元,占综合管廊市场总规模的 22%,如图 5.2.5 所示。

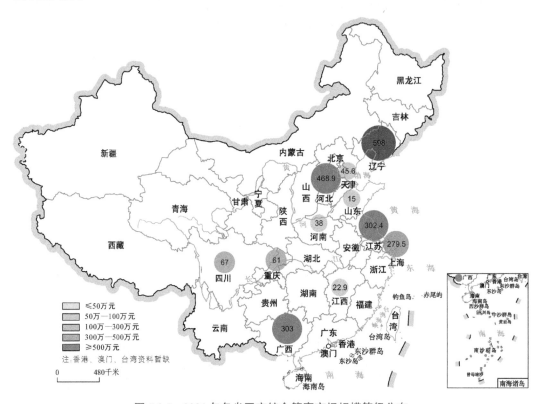

图 5.2.5　2021 年各省区市综合管廊市场规模等级分布

资料来源:根据中国政府采购网及各级政府公共资源交易中心官网中"综合管廊"的招标信息与中标公告整理绘制

以综合管廊规划服务市场所在的城市/区县为统计对象,2021 年综合管廊规划服务市场分布在 13 个城市/区县,从分布规律来判断,市场继续以东部沿海城市为主,逐步向西南部扩张。其中沈阳市场的规模最高,达 598.0 万元;其次是石家庄,市场规模为 468.9 万元,如图 5.2.6 所示。

3. 住房城乡建设部门领衔综合管廊规划

2021 年综合管廊规划组织编制机构以住房城乡建设部门为主,其需求市场占市场总规模的 52.9%,其次为自然资源部门,占市场总规模的 32.7%,如图 5.2.7 所示。

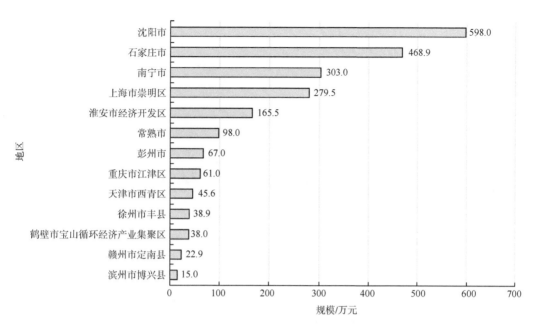

图 5.2.6　2021 年各城市/区县综合管廊需求市场规模分析图

资料来源：根据中国政府采购网及各级政府公共资源交易中心官网中"综合管廊"的招标信息与中标公告整理绘制

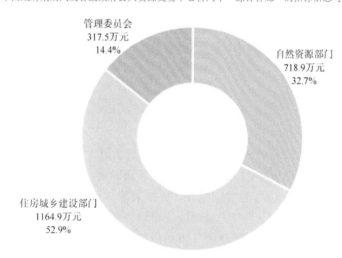

图 5.2.7　2021 年综合管廊规划采购方市场分析图

资料来源：根据中国政府采购网及各级政府公共资源交易中心官网中"综合管廊"的招标信息与中标公告整理绘制

　　2021 年全国共 13 家编制机构服务支撑综合管廊规划，其中，沈阳市当地编制机构借地缘优势占领本地市场，占全年市场规模最高，达 598 万元。其次是北京市当地编制机构，凭借其雄厚的综合实力，市场规模达 468.9 万元，如图 5.2.8 所示。

图 5.2.8　2021 年综合管廊规划服务市场规模分析（以编制机构所在城市统计）

资料来源：根据中国政府采购网及各级政府公共资源交易中心官网中"综合管廊"的招标信息与中标公告整理绘制

5.3　地下空间规划服务

地下空间规划服务市场项目类型涵盖地下空间（人防）专项、详细规划、专题研究、发展规划等。本节数据来源为中国政府采购网及各级政府公共资源交易中心官网。

根据对 2021 年招投标项目的数据统计，数据来源具有一定的局限性，因此，现有数据可能无法完全反映实际的地下空间规划服务市场规模，本书主要分析地下空间规划服务市场发展趋势，捕捉地下空间规划服务市场规律和发展动态。

5.3.1　规划市场略显低迷

2021 年是"十四五"规划的开局之年，因国家宏观经济政策调整、国防动员体制改革、新冠疫情等共同影响，地下空间规划服务市场需求同比下降。

2021 年全年地下空间规划市场的公开招标项目共 138 个，市场需求份额约 1.54 亿元，同比下降 29%。共有 153 家设计公司和科研机构服务支撑地下空间规划市场的 138 个项目，实际服务金额约 1.46 亿元，同比下降 26%。

5.3.2　东西地域市场差距进一步拉大

在 2021 年城市地下空间规划服务市场中，东部地区以其多年增长积淀、雄厚的经济实力、城市发展阶段的需求以及对国土空间规划要求的积极响应，占领 72%的市场规模，西部地区同比下降 41%，东西差距进一步拉大。中部地区需求市场同比下降 40%，而东北地区的需求市场虽然仅有约 242.3 万元，但同比增长了 1.37 倍，如图 5.3.1、图 5.3.2 所示。

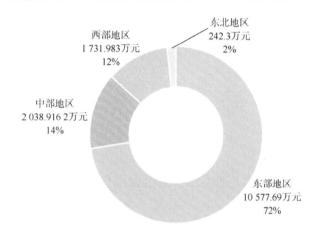

图 5.3.1　2021 年地下空间规划服务市场地域分析图

资料来源：根据中国政府采购网及各级政府公共资源交易中心官网中"地下空间规划""地下空间及人防工程规划"的招标信息与中标公告整理绘制

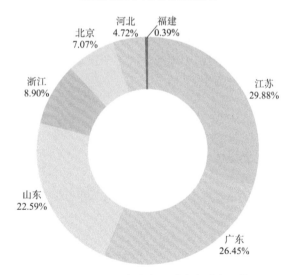

图 5.3.2　2021 年东部区域市场分析图[1]

资料来源：根据中国政府采购网及各级政府公共资源交易中心官网中"地下空间规划""地下空间及人防工程规划"的招标信息与中标公告整理绘制

---

① 东部区域包括北京、天津、河北、上海、江苏、浙江、福建、山东、广东和海南。在中国政府采购网及各级政府公共资源交易中心官网中，未搜集到天津、上海、海南的 2021 年地下空间规划服务市场的公开数据。

以项目所在地统计,地下空间规划服务市场需求产值规模在 500 万元及以上的由高到低依次为江苏、广东、山东、四川、浙江、北京,以上 6 个省市项目总规模约 1.1 亿元,约占全国地下空间规划编制市场需求规模的 75%;300 万(含)—500 万元的由高到低依次为河南、湖北、江西、河北、湖南;100 万(含)—300 万元的由高到低依次为山西、辽宁、云南、重庆、贵州;100 万元以下的由高到低依次为广西、陕西、新疆、黑龙江、安徽、福建、青海、内蒙古、甘肃(图 5.3.3)。

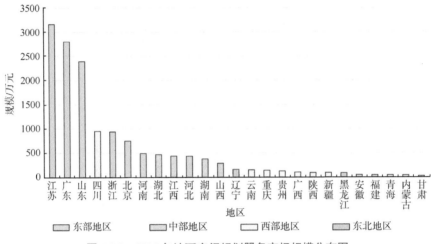

图 5.3.3　2021 年地下空间规划服务市场规模分布图

资料来源:根据中国政府采购网及各级政府公共资源交易中心官网中"地下空间规划""地下空间及人防工程规划"的招标信息与中标公告整理绘制

　　2021 年地下空间规划服务市场涉及的城市/县区共 87 个,其中市场规模超过 1000 万元的城市仅有青岛,且青岛自 2019 年起连续三年市场规模最高,2021 年地下空间规划市场规模达 1778.5 万元,如图 5.3.4 所示。

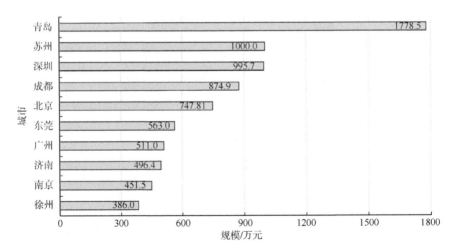

图 5.3.4　2021 年地下空间规划服务市场中各城市市场规模 TOP10

资料来源:根据中国政府采购网及各级政府公共资源交易中心官网中"地下空间规划""地下空间及人防工程规划"的招标信息与中标公告整理绘制

5.3.3　东部地区供应商优势突出

2021 年地下空间规划服务市场的供应商主要分布在 38 个城市，同比下降 12%。东部地区仍然是地下空间规划服务市场中供应商最集中的区域，其 2021 年市场规模占全年市场总规模的 81%（图 5.3.5、图 5.3.6），与 2020 年市场规模占比几乎持平，主要由于东部地区供应商技术力量更雄厚、专业配置水平更高、综合实力更强。

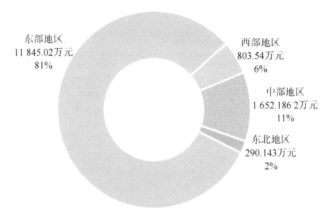

图 5.3.5　2021 年地下空间规划服务市场中供应商所在地的市场规模分析图

资料来源：根据中国政府采购网及各级政府公共资源交易中心官网中"地下空间规划""地下空间及人防工程规划"的招标信息与中标公告整理绘制

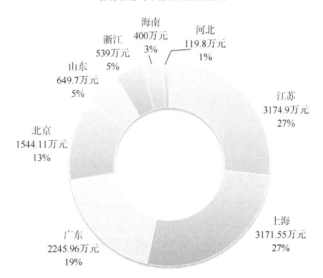

图 5.3.6　2021 年地下空间规划服务市场中东部地区供应商的市场规模分析图

资料来源：根据中国政府采购网及各级政府公共资源交易中心官网中"地下空间规划""地下空间及人防工程规划"的招标信息与中标公告整理绘制

以项目供应商所在城市的市场规模统计，2021 年地下空间规划服务市场供应商所在城市的市场规模前 10 名依次为上海、南京、北京、深圳、广州、郑州、武汉、海口、成都、杭州，如图 5.3.7 所示。

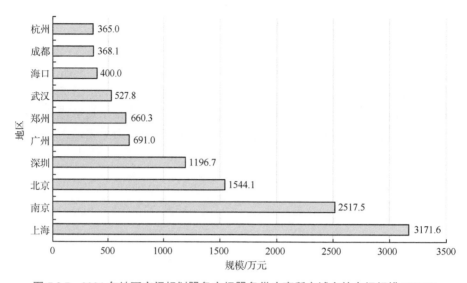

图 5.3.7 2021 年地下空间规划服务市场服务供应商所在城市的市场规模 TOP10

资料来源：根据中国政府采购网及各级政府公共资源交易中心官网中"地下空间规划""地下空间及人防工程规划"的
招标信息与中标公告整理绘制

5.3.4 本地供应商优势显著

2021 年，本地供应商承揽本地项目数量占比 34%，市场规模占比约 45%。因疫情防控原因，外地供应商错失赴本地提供服务的机会，2021 年本地供应商地缘优势尤为突出。

按照中标额分析，青岛供应商占本地市场规模最高，年度市场规模超过 1000 万元，其次为苏州、北京，市场规模超过 700 万元。

按照项目数量分析，南京供应商占本地市场项目数量最高，项目数量 5 个，其次为苏州、南通，项目数量为 4 个，如图 5.3.8 所示。

5.3.5 人防部门依然是推动地下空间规划编制的中坚力量

2021 年地下空间规划需求市场中，住房城乡建设、人防/军民融合、自然资源主管部门三足鼎立的局面愈加凸显，占地下空间规划服务市场项目总数量的 74%，其次是其他（包括重点建设和城市管线事务中心、街道办、县人民政府、设计院等），占项目总数量的 13%，另外国有控股的有限公司占项目总数量的 6%（图 5.3.9），同比下降 56%。

5.3.6 民企与国企并驾齐驱

根据供应商的机构性质进行统计，在 2021 年众多参与地下空间规划服务市场竞争的机构中，民营企业与国有企业的市场规模并驾齐驱，各占市场总规模的 38%，引领整个地下空间规划服务市场；高校及科研机构与往年相比略有增长，占市场总规模的 4%，如图 5.3.10 所示。

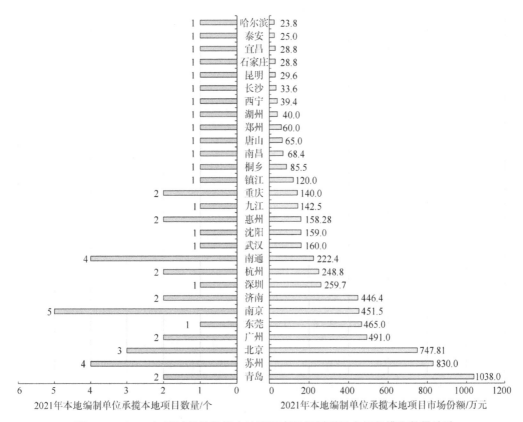

图 5.3.8　2021 年编制单位承揽本地地下空间规划项目市场规模和数量统计

资料来源：根据中国政府采购网及各级政府公共资源交易中心官网中"地下空间规划""地下空间及人防工程规划"的招标信息与中标公告整理绘制

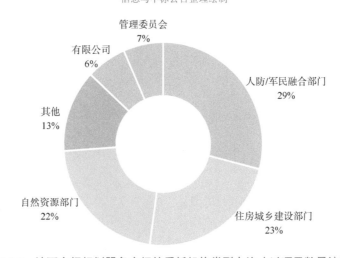

图 5.3.9　地下空间规划服务市场的委托机构类型占比（以项目数量统计）

资料来源：根据中国政府采购网及各级政府公共资源交易中心官网中"地下空间规划""地下空间及人防工程规划"的招标信息与中标公告整理绘制

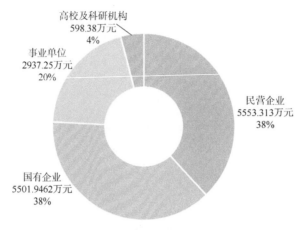

图 5.3.10 地下空间规划编制机构性质分析图（以市场规模统计）

资料来源：根据中国政府采购网及各级政府公共资源交易中心官网中"地下空间规划""地下空间及人防工程规划"的招标信息与中标公告整理绘制

2021 年地下空间暨人防综合利用规划总规模约 400 万元，编制机构主要是民营企业和事业单位，其中民营企业市场规模占比约 86%。

2021 年地下空间类规划（不含人防，下同）总市场规模约 9776 万元，国有企业地下空间类规划市场规模比重依然最高，为 43%，同比变化不大。其次是民营企业，占比31%，同比增长 41%；事业单位的地下空间类规划市场规模虽然同比下降 27%，但事业单位的资源优势依然突出，占地下空间类规划市场规模的 22%，如图 5.3.11 所示。

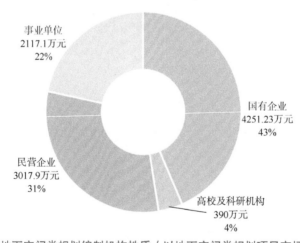

图 5.3.11 地下空间类规划编制机构性质（以地下空间类规划项目市场规模统计）

资料来源：根据中国政府采购网及各级政府公共资源交易中心官网中"地下空间规划"的招标信息与中标公告整理绘制

2021 年的人防规划服务市场跟往年一样，主要由民营企业、国有企业以及事业单位提供规划编制服务。其中，民营企业虽然占比略有下降，但仍然凭借雄厚的技术力量、优秀的项目业绩以及专业资质，稳居人防规划市场第一，占总人防专项规划服务市场规模的 50%，如图 5.3.12 所示。

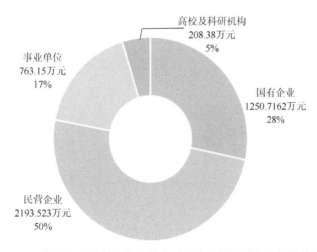

图 5.3.12　人防专项编制机构性质（以人防规划项目市场规模统计）

资料来源：根据中国政府采购网及各级政府公共资源交易中心官网中"人防工程规划"的招标信息与中标公告整理绘制

第 6 章

地下空间技术与装备

2021 年，在工程机械相关行业逐步完成国产替代的背景下，地下工程技术与装备结合市场需求，同步加快科技创新。以盾构机（又称盾构）为代表，实现了从"跟跑"到"领跑"的历史性跨越。

6.1　工　程　技　术

本节以国内具有代表性的中国专利奖、中国机械工业科学技术奖两大奖项为案例，梳理 2021 年地下工程领域获奖的六项技术或方法。

6.1.1　中国专利奖获奖的地下工程技术方法

2021 年 6 月 24 日，国家知识产权局发布了第二十二届中国专利奖授奖的决定。中国专利奖是由国家知识产权局和世界知识产权组织共同主办的，中国唯一的专门对授予专利权的发明创造给予奖励的政府部门奖，得到了世界知识产权组织的认可。

1. 一种盾构到达洞门密封装置及密封施工方法（银奖）

1）技术背景

现有的洞门密封采用折页翻板和帘布橡胶结构形式的密封装置，在实际使用过程中，帘布橡胶与盾壳之间无法完全贴合密封，若在洞门处注浆，会不可避免地产生漏浆现象。当涌水较大或时间较长时，易引发重大安全事故。

2）技术原理

盾构抵达洞门前，在预埋洞门环的外环板上安装环状柔性密封构件和外置洞门环，环状柔性密封构件由环形橡胶帘布和多块帘布压板组成，外置洞门环由多块弧形钢构件组成。

盾构推出洞门前，在预埋洞门环上安装环状刚性密封构件，环状刚性密封构件由两个环形钢板和填充两个钢板之间的海绵组成，当盾构尾部端面距离外置洞门环外部 30—

50 厘米时，在盾构尾部与外置洞门环之间焊接环形密封钢板进行密封。[①]

　　3）技术优点及应用

　　该技术方法容易操作、密封效果好，整个施工过程安全易行，成功解决了盾构到达洞门时密封安全可靠性低的难题，并已成功运用于各种复杂环境下高富水地层的施工。

　　2. 一种盾构隧道管片三维精细化拼装的建模方法（优秀奖）

　　1）技术背景

　　盾构法施工的特点之一就是拼装成环的管片直接成为隧道的最终衬砌，管片的防水和外观是影响隧道质量的直接因素。

　　在实际施工过程中，通常依靠施工人员的现场测量计算和经验选取管片，此外，中国关于盾构隧道管片三维拼装的方法相对欠缺，大多只针对具体工程或只适用于普通管片环，缺乏通用性。

　　2）技术优点

　　该技术方法可使拼装结果直观地表现管片的设计效果和线路拟合情况，为施工人员确定管片的最佳拼装位置提供依据，提高施工效率和施工质量。[②]

　　3. 一种 TBM[③]在掘岩体状态实时感知系统和方法（优秀奖）

　　1）技术背景

　　一方面，由于时间、成本、技术水平等诸多因素的限制，隧道施工前的地质勘测较难做到详细且准确，因此，施工过程中经常遇到地质资料中没有标明的不良地质条件。

　　另一方面，目前 TBM 掘进岩体的状态信息仍通过人工现场素描、取样并进行室内试验得到，获取手段比较落后。岩体状态信息获取滞后，致使 TBM 遭遇地层变化或复杂地质条件时，较难及时调整掘进方案和控制参数。

　　2）技术原理

　　通过收集 TBM 掘进参数和对应岩体状态参数，建立数据存储仓库模块；采用分步回归，建立岩机关系感知模型和聚类算法，实现岩体质量分级，形成计算模块内核，在模型计算模块中，通过读取 TBM 当前掘进参数，反演计算岩体状态信息；在实时输出显示模块中，将岩体状态信息实时展现在 TBM 上位机可视化界面上。[④]

　　3）技术优点

　　该技术方法弥补了传统岩体条件参数获取困难、手段落后、隧道掌子面前方岩体状态不明等缺点，减少了 TBM 耗能，保障了设备和人员安全，大大提升了 TBM 安全高效

　　① 中铁十一局集团城市轨道工程有限公司，中铁十一局集团有限公司. 一种盾构到达洞门密封装置及密封施工方法：ZL201710070140.X[P]. 2017-06-13.

　　② 广州地铁设计研究院有限公司. 一种盾构隧道管片三维精细化拼装的建模方法：ZL201610720751.X[P]. 2017-03-22.

　　③ TBM（tunnel boring machine，隧道掘进机）与盾构同属于全断面隧道掘进机。一般来说，在欧洲或其他西方国家或地区，二者不做区分，盾构也称为 TBM；但在中国和日本，习惯上将用于岩石地层的隧道掘进机称为 TBM，将用于水下及软土地层的隧道掘进机称为盾构（李建斌，才铁军. 中国大盾构：中国全断面隧道掘进机及施工技术发展史[M]. 北京：科学出版社，2019）。

　　④ 中铁工程装备集团有限公司. 一种 TBM 在掘岩体状态实时感知系统和方法：ZL201710761045.4[P]. 2018-01-12.

掘进能力。

6.1.2 中国机械工业科学技术奖获奖的地下工程技术方法

2021 年 11 月 9 日，中国机械工业联合会、中国机械工程学会发布了《关于表彰 2021 年度中国机械工业科学技术奖奖励项目的决定》。中国机械工业科学技术奖是由中国机械工业联合会和中国机械工程学会共同设立并经科学技术部批准，在国家科技奖励主管部门登记的面向全国机械行业的综合性科技奖项。

1. 隧道施工智能化作业机群自主研制及产业化应用（科技进步类特等奖）

1）技术难点

隧道施工智能化作业机群研发面临复杂隧道空间位姿和运动轨迹的精准控制难、超前地质和隧道结构的动态判识难、智能成套装备定制设计与协同作业难三大共性技术难题。

2）技术创新点

针对三大共性技术难题，该技术提出了装备空间位姿的多位联测与补校方法、臂架挠度逆向标定补偿方法，围岩随钻参数与双目成像融合的装备综合感知方法，以及隧道钻爆法智能装备模块化快速配置设计方法，实现了臂架精准定位与跟踪控制、隧道地质与结构由完全依赖人工到机器自主判识的技术变革，并成功应用于施工环境复杂多变、高风险地质的国家重点工程。

2. 大直径土压平衡盾构自主设计制造关键技术及应用（科技进步类二等奖）

1）技术创新

该技术在长距离复杂地层高可靠性开挖集成技术、大断面复杂地质多重分级渣土协同改良技术、浅覆土开挖面及隧道稳定控制技术等关键技术领域取得了重大突破和创新，解决了"开挖难、改良难、控制难"三大难题。

该技术显著提升了国产大直径土压平衡盾构机设计施工水平，引领了市域铁路隧道施工的机械化、自动化，打破了中国大直径土压平衡盾构机产品核心技术受制于国外制造商的不利局面，为城市铁路、公路隧道施工提出了新工法。

2）技术应用

该项目实现了 16 台套大直径土压平衡盾构机的生产与应用，孵化出了国内首台 12 米级最大直径超长距离复合地层土压平衡盾构机、国内出口欧洲和出口非洲最大直径土压平衡盾构机等。[①]

3. 全断面掘进机刀具智能诊断系统（科技进步类三等奖）

该技术在复杂工况下的传感器检测、数据通信传输、多特征参量协同刀具诊断策略、

---

① 大直径土压平衡盾构机自主设计制造关键技术及应用[EB/OL]. http://www.ccmalh.com/article/content/2022/03/20220310747.shtml[2022-03-21].

掌子面地质实时感知等关键技术领域取得了重大突破，解决了"检测难、实时难、判别难"三大难题，实现了刀盘刀具智能监测技术的产业化生产应用。

该技术成功应用于汕头苏埃跨海隧道、深圳春风隧道等国内外重大工程，增强了国产自主品牌的核心竞争力。

6.2 装备制造

6.2.1 通用装备

1. "十四五"发展目标

2021年是"十四五"开局之年，也是全面建设社会主义现代化国家新征程的起步之年。挖掘机械作为传统的通用装备机械，在地下工程建设中应用广泛，《工程机械行业"十四五"发展规划》中也明确了其行业发展目标，详见表6.2.1。

表6.2.1 《工程机械行业"十四五"发展规划》中挖掘机械行业发展目标一览表

方面	发展目标
品牌建设	1—2家中国品牌挖掘机企业总销售进入全球前5行列
	2—3家进入全球前10行列
	1—2家零部件供应商进入全球前10行列
产品质量与可靠性	整机使用寿命超过2万小时，可靠性基本达到国际主流水平
市场占有率	国产品牌国内总体市场占有率维持在60%以上，其中在高端大挖市场的占有率突破55%
海外市场规模	出口继续保持增长，占国内产销总量比例超15%
产业基础建设	核心零部件整体自主可控，核心液压件国产化率超过60%
产业配套水平	70%以上零部件具备市场竞争优势，25%零部件具备进口替代能力，完全依赖进口零部件比例低于5%
规模化水平	CR4[①]≥60%，CR8≥80%
网络化水平	新机设备联网率≥60%

2. 2021年市场概况

1）挖掘机市场需求随着下游行业整体发展而持续增长

根据中国工程机械工业协会对25家挖掘机制造企业的统计，2021年挖掘机总销量为34.28万台，同比增长4.64%，如图6.2.1所示。其中，国内销量为27.43万台，同比下降6.32%；出口销量为6.84万台，同比增长97%。[②]

---

① CR为集中度（concentration ratio）。CR4指四个最大的企业占有该相关市场的份额；CR8指八个最大的企业占有该相关市场的份额。

② 彭志伟. 2021年中国挖掘机产销现状与竞争格局分析，出口量持续增长，智能化趋势推进[EB/OL]. https://www.huaon.com/channel/trend/777871.html[2022-01-17].

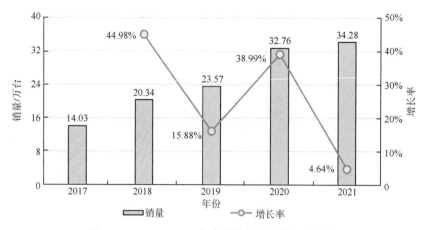

图 6.2.1　2017—2021 年中国挖掘机销量及增长率

资料来源：中国工程机械工业协会

挖掘机作为与基础设施建设、房地产、采矿业等下游行业密切相关的工程机械品种，随着下游行业的整体发展，需求持续增长。

2）小型挖掘机市场需求最为旺盛

挖掘机可按吨位进行划分，一般 20 吨以下的属于小型挖掘机（以下简称小挖），20—30 吨的属于中型挖掘机（以下简称中挖），30 吨以上的属于大型挖掘机（以下简称大挖）。其中，中挖、大挖主要用于城市基础设施建设、房地产土方开挖、道路桥梁等大型基建领域。

2021 年国内挖掘机销量累计达 27.43 万台，在吨位结构方面，大挖销量为 3.35 万台，中挖销量为 7.78 万台，小挖销量为 16.30 万台，占比如图 6.2.2 所示，销量依次同比下降 12.77%，增长 0.72%，下降 7.99%。[①]

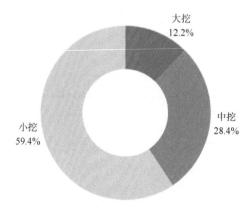

图 6.2.2　2021 年中国国内挖掘机销量市场结构占比情况

资料来源：中国工程机械工业协会

① 彭志伟. 2021 年中国挖掘机产销现状与竞争格局分析，出口量持续增长，智能化趋势推进[EB/OL]. https://www.huaon.com/channel/trend/777871.html[2022-01-17].

3）三一重工首获全球重工行业"灯塔工厂"认证

2021 年，三一重工挖掘机产品国内销量近 7.8 万台，全年市场占有率首次超过 30%；国际销量突破 2.2 万台，实现翻倍增长，成为全球重工行业第一家全线覆盖电动小挖、中挖和大挖的企业，全球重工行业首家获认证的"灯塔工厂"。[①]

3. 发展趋势

1）地下工程小挖需求不断上涨

随着中国老龄化进程的持续，未来的劳动力替代需求存在巨大空间，劳动力替代背景下的机器换人将得到全方位深化。目前，小挖的崛起已初露端倪，未来地下工程对于小挖的需求也将不断增加。

2）智能化、自动化、绿色环保发展趋势增强

随着现代技术的发展，挖掘机操纵方式将朝着智能化、自动化的方向发展，利用计算机进行远程操纵、无线电遥控、电子计算机综合程序控制等。顺应绿色低碳和环境保护的发展趋势，挖掘机技术创新将朝着提高发动机、液压系统泵阀、液压缸及马达的效率，减少燃油、发动机功率和液压功率的消耗，进一步依靠人工智能技术这三个方向发展，以达到节能减排的效果。

6.2.2　专用装备

1. "十四五"发展目标

《工程机械行业"十四五"发展规划》中，首先确立了掘进机械行业的科技发展目标：解决掘进机主轴承、核心控制器、高端密封件等短板零部件的国产化和产业化问题；研发出超大（直径 12 米以上）直径水平和竖直方向掘进装备；初步建立起融合隧道作业场景和模型仿真的数字孪生应用平台；打造一批具备整机及核心零部件检测能力的产业基地。

其次，明确了掘进机械行业的重点发展领域及具体技术目标，详见表 6.2.2。

表 6.2.2　《工程机械行业"十四五"发展规划》重点发展领域一览表

重点发展领域	技术目标
大直径/超大直径掘进机技术	土压平衡盾构机直径≥12 米
	泥水平衡盾构机直径≥16 米
	TBM 直径≥10 米
竖井掘进机	直径≥6 米、成井深度≥25 米
微型掘进机	微型 TBM 直径≤3 米
斜井掘进机	直径≥6 米、斜井长度≥1000 米、斜井最大坡度≥40°

① 三一挖掘机 2021 年销量突破 100 000 台[EB/OL]. http://www.cncma.org/article/11960[2022-01-01].

最后，提出了掘进机械行业的发展重点及主要任务：加快补短板工程推进，建立独立自主的核心零部件研发-制造-供应体系和产业基地；推动智能化技术研发和应用；利用工业互联网、5G等信息化新技术，建立面向施工场景的数字孪生示范项目和基地。

2. 2021年市场概况

1）全断面隧道掘进机品牌效应突出，订单向头部企业集中

据中国工程机械工业协会掘进机械分会统计，2021年，中国全断面隧道掘进机生产数量为673台，总销售额约233.99亿元①。CR2即中国铁建重工集团股份有限公司（以下简称铁建重工）、中铁工程装备集团有限公司（以下简称中铁装备）总计所占市场份额超七成，各生产企业生产数量和销售额统计如图6.2.3所示。

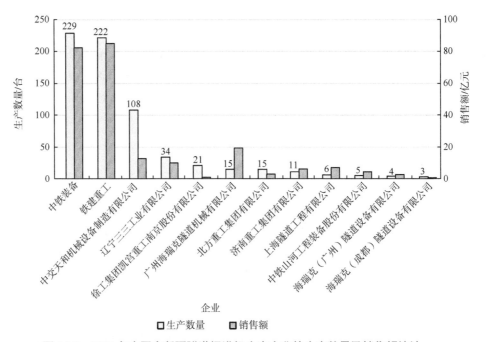

图6.2.3　2021年中国全断面隧道掘进机生产企业的生产数量及销售额统计

资料来源：宋振华. 中国全断面隧道掘进机制造行业2021年度数据统计[J]. 隧道建设（中英文），2022，42(7)：1318-1319

2）直径6—8米的盾构为主要生产对象

伴随着经济技术水平和隧道施工需求的不断提升，全断面隧道掘进机的生产总量稳中有升。选取全断面隧道掘进机生产数量最多的四家企业——中铁装备、铁建重工、中交天和机械设备制造有限公司（以下简称中交天和）、辽宁三三工业有限公司，可以看出，以直径6—8米的盾构为主要生产对象（图6.2.4）。

---

① 注：数据来源仅统计中国工程机械工业协会掘进机械分会会员单位的数据。

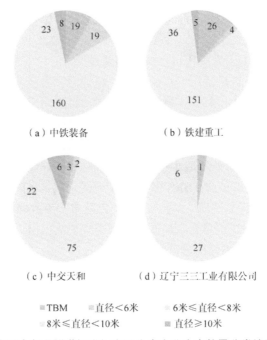

（a）中铁装备　　　　　　　（b）铁建重工

（c）中交天和　　　　　（d）辽宁三三工业有限公司

■ TBM　　■ 直径<6米　　■ 6米≤直径<8米
■ 8米≤直径<10米　　■ 直径≥10米

图 6.2.4　2021 年中国全断面隧道掘进机主要生产企业生产数量分类统计（单位：台/套）
资料来源：宋振华. 中国全断面隧道掘进机制造行业 2021 年度数据统计[J]. 隧道建设（中英文），2022，42(7)：1318-1319

3. 2021 年代表性专用装备

1）中国成功攻克大盾构下穿海域岩溶地质——"海宏号"

1 月 11 日，由中铁装备自主研制的直径为 12.26 米的气垫式泥水平衡盾构"海宏号"顺利贯通大连地铁五号线火车站至梭鱼湾南站区间海底隧道，该区间大盾构段长 2882 米，有 2310 米下穿大连梭鱼湾海域。

该项目的顺利贯通标志着中国成功攻克大盾构下穿海域岩溶地质这一"世界性难题"，为世界领域范围内的"穿江越海"隧道中海底岩溶地层、长距离硬岩大盾构施工积累了宝贵经验[①]。

2）中国最大直径泥水平衡盾构机——"运河号"

1 月 20 日，由中交天和自主研发制造的中国最大直径泥水平衡盾构机"运河号"刀盘顺利下井组装[②]，并于 8 月 10 日在北京市通州区潞苑北大街顺利始发[③]。

"运河号"盾构机开挖直径 16.07 米，打破了国产盾构机最大开挖直径纪录。该盾构机采用了国产自主研制的长距离掘进不换刀技术、管片自动化拼装技术、智慧化远程安全监控管理系统、绿色环保管路延长装置、泥水分层逆洗循环技术、国产常压换刀装置、

---

① 乔地. 连续穿越 1000 多个溶洞 世界级海底隧道成功贯通[EB/OL]. http://www.xinhuanet.com/politics/2021-01/13/c_1126975733.htm[2021-01-13].

② 杜燕. 北京东六环改造工程进展：国产最大直径盾构机下井完成[EB/OL]. https://www.chinanews.com.cn/sh/2021/01-20/9392414.shtml[2021-01-20].

③ 杜燕飞. 国内最大直径泥水平衡盾构机——"运河号"顺利始发[EB/OL]. http://finance.people.com.cn/n1/2021/0811/c1004-32189143.html[2021-08-11].

刀盘伸缩摆动装置等技术和设备，标志着中国超大直径盾构隧道施工依靠国外品牌时代的终结。

3）世界最小直径常压刀盘盾构机——"畅通号"

3 月 31 日，世界最小直径常压刀盘盾构机"畅通号"在上海下线。该装备开挖直径 7.95 米，整机长度约 146 米，由中铁装备自主研制，将应用于中俄东线天然气管道工程（永清—上海）盾构穿越长江工程隧道项目。该项目是目前世界油气管道领域单次掘进距离最长、埋深最深、水压最高、口径最大的管道穿江盾构工程。

4）有望开创中国参与海外隧道工程掘进里程最长纪录——"茉莉号"

国产首台出口菲律宾双护盾 TBM 于 2021 年 5 月下线。双护盾 TBM 是 TBM 主力机型之一，国内多数应用于青岛地铁、深圳地铁等，铁建重工首次将自主研制的双护盾 TBM 出口到菲律宾。该 TBM 将在项目复杂地质条件下完成独头掘进近 18 千米的工程挑战，有望开创我国参与的海外隧道工程掘进里程最长纪录。

该设备应用于菲律宾卡利瓦大坝引水隧洞工程，施工总长 17.55 公里，埋深最大达 511 米，地质以灰岩、砾岩、砂岩、泥岩为主，围岩饱和单轴抗压强度最大达 137 兆帕。隧洞施工不良地质多、技术难度大、施工风险高。针对工程特点，铁建重工突破了扩挖变径技术、超高压推进技术等关键技术，研制出具备超高压脱困推进能力和高强地质适应性能的双护盾 TBM，为实现菲律宾卡利瓦大坝项目在断层破碎带复杂地质条件下安全、环保、快速、高效掘进奠定了坚实基础。

5）世界首台大直径超小转弯 TBM 硬岩隧道掘进机——"抚宁号"

6 月 4 日，世界首台大直径超小转弯 TBM 硬岩隧道掘进机"抚宁号"在中铁装备天津公司成功下线[①]。10 月 22 日，在河北省秦皇岛市抚宁抽水蓄能电站成功始发[②]。

"抚宁号"开挖直径 9.53 米，设计转弯半径 90 米，最大适应坡度 10%，整机总长 85 米，总重 1700 吨，是世界上同直径断面下转弯半径最小的硬岩掘进机，在地下洞室施工中具有极强的灵活性，适用于抽水蓄能电站进厂交通洞和通风兼安全洞的施工建设。

6）世界首台双结构硬岩掘进机——"雪域先锋号"

6 月 17 日，国产首台高原高寒大直径硬岩掘进机"雪域先锋号"在中铁装备国家 TBM 产业化中心郑州园区下线。9 月 14 日，在中国中铁隧道局高原铁路项目施工现场，"雪域先锋号"成功实现地面远程操控始发。

该装备刀盘直径 10.33 米，整机总长 245 米，总重量约 2500 吨，最大推进速度为每分钟 100 毫米，能够在复杂的高原地质环境中掘进成型相当于 4 层楼高的隧道，是目前国产最大直径的敞开式掘进机，也是世界首台双结构掘进机。"雪域先锋号"实现了中国铁路 TBM 施工的远程控制，为提高极端恶劣、复杂环境下 TBM 掘进的安全性、便捷性和连续性提供了坚实的基础。

① 世界首台大直径超小转弯硬岩隧道掘进机"抚宁号"在津下线[EB/OL]. https://gyxxh.tj.gov.cn/ZWXX5652/GXDT 9285/202106/t20210608_5472894.html[2021-06-08].
② 吴婕，娄曼曼. 世界首台大直径超小转弯硬岩掘进机"抚宁号"成功始发[EB/OL]. http://www.chinapower.com.cn/ guihuajianshe/qiye/2021-10-28/110891.html[2021-10-28].

7）中国具有完全自主知识产权的最大直径土压平衡盾构机——"锦绣号"

7 月 10 日，由中铁十四局集团和铁建重工联合打造的超大直径盾构机"锦绣号"在长沙第二产业园下线，并参与成（都）自（贡）高铁锦绣隧道建设。

该装备开挖直径 12.79 米，总长 135 米，总重 3000 吨，装机功率 7500 千瓦，是中国迄今研制出的具有完全自主知识产权的最大直径土压平衡盾构机。该装备应用于成自高铁 1 标锦绣隧道工程，针对隧道穿越周边多座敏感建筑物、地面风险源及管线极多的工程特点，铁建重工突破了高性能长寿命刀盘刀具技术、高承压密封技术、先进注浆技术等，最大限度地满足了盾构施工的掘进需求，有效减少了复杂地层下盾构施工的安全风险。设备在强风化泥岩、弱风化泥岩等复合地层中累计掘进 1937 米仅换刀 2 把，"零风险"下穿既有线路成都东环右线与成贵线铁路群。

"锦绣号"的研制成功，为国内长大铁路隧道施工提供了有力保障，进一步巩固了国产隧道掘进技术装备的自主可控能力[①]。

8）中国同级别小直径 TBM 施工最高月进尺纪录——"平江号"

应用在平江抽水蓄能电站排水廊道隧洞工程的"平江号"抽水蓄能 TBM 于 2021 年 8 月下线。"平江号"TBM 最高日进尺 30.72 米、月进尺 602.1 米，创造了国内同级别小直径 TBM 施工最高月进尺纪录。

平江抽水蓄能电站排水廊道隧洞全长约 9.2 公里，洞径 3.6 米，螺旋布置，最大坡度 4.9%，有 5 处与其他隧洞相通，21 个弯段，1 个 S 弯，转弯半径均为 30 米，施工难度大。针对抽水蓄能个性化需求，结合地下洞室群交错纵横，具有隧道区间短、线路复杂、场地环境受限等特点，铁建重工攻克了长距离小转弯螺旋掘进、大坡度运输、主机可回退设计等关键技术，形成了一套适用性强的急曲线螺旋陡坡小断面隧洞 TBM 施工技术方案。

抽水蓄能电站项目建设的迫切需求为 TBM 应用提供了广阔的空间，该新型 TBM 将为万亿抽水蓄能建设市场提供成套解决方案。

9）世界首台全断面硬岩竖井掘进机——"中铁 599 号"

12 月 28 日，由中铁装备自主研制的世界首台全断面硬岩竖井掘进机"中铁 599 号"顺利贯通宁海抽水蓄能电站排风竖井，该装备直径 7.83 米，融合了传统竖井施工技术和全断面隧道掘进机施工理念，与传统工法相比，施工人员减少 50%以上，掘进效率提高了 2 倍以上，可安全高效建井。

"中铁 599 号"实现了井下无人、自动掘进、地面远程操控，为类似地下工程施工提供了经验，为千米级竖井全断面掘进技术难题提供了新的解决方案。这标志着中国全断面隧道掘进机企业成功攻克了全断面硬岩竖井掘进机这一世界级技术难题，在竖井掘进机领域取得了突破性进展[②]。

---

① 矫阳. "锦绣号"盾构机下线 体积约是"胖五"的 15 倍[N]. 科技日报， 2021-07-14(5).
② 肖威，王晟宇. 世界首台全断面硬岩竖井掘进机顺利贯通[EB/OL]. https://www.crectbm.com/news-detail/9039/67.html [2021-12-28].

第 7 章

地下空间科研与交流

7.1 科研支撑

7.1.1 科研基金项目

1. 项目总量下滑

2021 年国家自然科学基金委员会批准资助有关地下空间项目（以下简称科研基金项目）共 44 个，同比减少 30.16%，资助总金额 1948 万元，同比减少 74.08%。获批资助科研基金项目的单项金额较低，最高单项金额仅 64 万元。

2. 学科渗透显现重点方向

工程与材料科学部的科研基金项目 29 个，获批资助金额共计 1323 万元；地球科学部的科研基金项目 9 个，获批资助金额共计 415 万元；信息科学部的科研基金项目 5 个，获批资助金额共计 180 万元；管理科学部的科研基金项目 1 个，获批资助金额 30 万元。2021 年各学科的科研基金项目数量与获批资助金额及相应占比如图 7.1.1 所示。

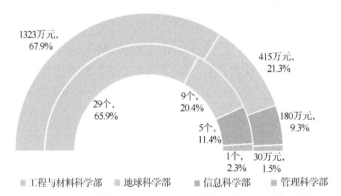

图 7.1.1　2021 年各学科的科研基金项目数量与获批资助金额及相应占比

资料来源：国家自然科学基金大数据知识管理服务门户网站（https://kd.nsfc.gov.cn）

通过对科研基金项目内容进行词频统计分析，在所属地球科学部和工程与材料科学部的科研基金项目中，映射基础研究、技术开发、工艺和设备设计等研究方向的词频数据较高；在所属信息科学部和管理科学部的科研基金项目中，映射通信技术、智能管理等研究方向的词频数据较高。

3. "城市地下空间工程" 专业初露锋芒

2021 年，32 所高等院校获批了科研基金项目，共计 42 个。其中，开设城市地下空间工程专业的高等院校共 9 所，占高校数量的 28%；9 所高等院校共获批科研基金项目 15 个，占科研基金项目总数量的 36%，如图 7.1.2 所示。

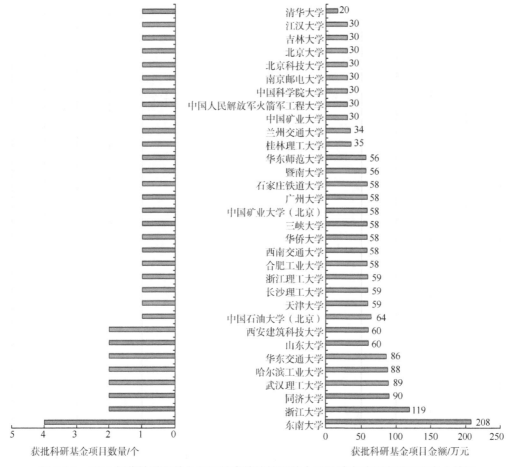

图 7.1.2　2021 年获批科研基金项目的高等院校及其中开设城市地下空间工程专业情况
资料来源：国家自然科学基金大数据知识管理服务门户网站（https://kd.nsfc.gov.cn）
图中绿色为高校开设城市地下空间工程专业的高等院校

城市地下空间工程专业科研人才集聚效应初具成效，未来将成为地下空间科研项目的中坚力量。

7.1.2　科技重点研发项目

根据国家科技管理信息系统公共服务平台的数据统计，在国家重点研发计划中，未查询到 2021 年地下空间类重点专项的需求征集、指南发布、项目申报、立项和预算安排、监督检查、验收结果等计划专项公示。

7.2　科研成果

7.2.1　"地下空间"综合成果以技术与工程研究为主

在中国知网收录的 2021 年期刊文献中，搜索关键词"地下空间"相关文献，研究主题主要涉及城市地下空间开发、地下空间资源、地下工程、综合管廊、地铁、TOD[①]、策略研究等，涵盖了技术研究、工程研究、开发技术、应用基础研究、政策研究、学科教育教学、开发研究、应用研究、工程与项目管理、管理研究等研究层次。地下空间学术论文研究层次 TOP5 如图 7.2.1 所示。

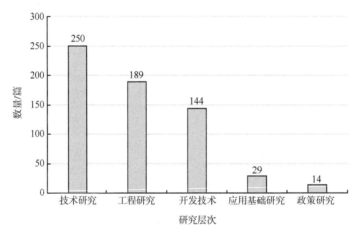

图 7.2.1　地下空间学术论文研究层次 TOP5

7.2.2　地下功能设施成果以开发和应用为引领

依据《城市地下空间利用基本术语标准》（JGJ/T 335—2014），城市地下空间设施包括地下交通设施、地下市政公用设施、地下公共服务设施等七大类。《2021 年中国城市地下空间发展蓝皮书》指出，2011—2020 年，地下空间学术研究重点是地下交通设施、地下市政公用设施，而地铁隧道、综合管廊则分别是二者的热点，也是从业人员关注的重点，同时作为政府投资的公共项目，社会关注度较高。

---

① TOD 为公交导向型发展（transit oriented development）。

1. 地铁隧道

在中国知网收录的地下空间期刊文献中搜索关键词"地铁隧道"，通过对检索结果的研究主题和研究层次的词频统计发现，相关文献主要涉及盾构、地铁站、施工技术、数值模拟、地表沉降、基坑开挖等研究主题，涵盖了技术研究、开发技术、应用基础研究、工程研究、工程与项目管理、行业技术发展、基础研究等研究层次。"地铁隧道"学术论文研究层次 TOP5 如图 7.2.2 所示。

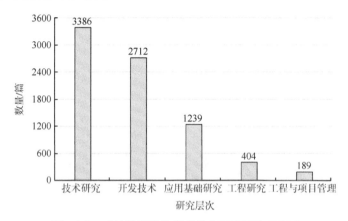

图 7.2.2　"地铁隧道"学术论文研究层次 TOP5

2. 综合管廊

在中国知网收录的地下空间期刊文献中搜索关键词"综合管廊"，通过对检索结果的研究主题和研究层次的词频统计发现，相关文献主要涉及综合管廊技术、BIM[①]技术、PPP[②]项目、预制装配、施工技术、深基坑、数值模拟等研究主题，涵盖了开发技术、技术研究、工程研究、应用基础研究、工程与项目管理、政策研究、行业技术发展、开发管理等研究层次。"综合管廊"学术论文研究层次 TOP5 如图 7.2.3 所示。

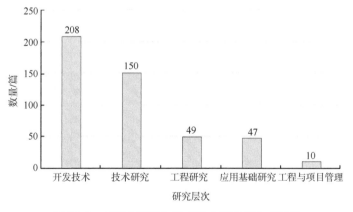

图 7.2.3　"综合管廊"学术论文研究层次 TOP5

---

① BIM 为建筑信息模型（building information model）。

② PPP（public-private partnership），又称 PPP 模式，即政府和社会资本合作，是公共基础设施中的一种项目运作模式。

7.3 著作出版

2021年，地下空间领域共出版了34本著作，详见表7.3.1。

表7.3.1 2021年"地下空间"著作一览表

序号	书名	作者	出版社
1	城市地下空间工程施工技术	刘波，李涛，陶龙光，等	机械工业出版社
2	数字地下空间与工程：理论方法、平台及应用	朱合华	科学出版社
3	城市地下综合管廊智慧管理概论	毕天平，常春光	中国电力出版社
4	寒区隧道设计与工程实例	田四明，徐治中，吕刚，等	中国建筑工业出版社
5	隧道及地下工程施工与智能建造	申玉生	科学出版社
6	城市地下道路交通指引设计理论与实践	游克思，陈丰，罗建晖	同济大学出版社
7	轨道交通工程监理指南：地下明挖工程篇	王洪东，刘献忠，张荣	中国建筑工业出版社
8	城市地下管线安全性检测与智慧运营技术	任宝宏	中国海洋大学出版社
9	地下结构试验与测试技术	刘新荣，钟祖良	武汉大学出版社
10	地下防护结构	张博一，王伟，周威	哈尔滨工业大学出版社
11	城市地下空间互联互通施工技术与装备	陈晓明，罗鑫，等	中国建筑工业出版社
12	明挖现浇城市地下综合管廊造价指标与造价指数预测方法	张家颖，杨林，周邦革	西南交通大学出版社
13	城市地下综合管廊施工关键技术：保山中心城市地下综合管廊工程实践	段军，代绍海，张良翰	西南交通大学出版社
14	未来城市地下空间发展理念：绿色、人本、智慧、韧性、网络化	王飞，李文胜，刘勇，等	人民交通出版社股份有限公司
15	城市地下空间网络化拓建工程案例解析	雷升祥，杜孔泽，丁正全，等	人民交通出版社股份有限公司
16	城市地下空间更新改造网络化拓建关键技术	雷升祥	人民交通出版社股份有限公司
17	地下压力容器：储气井	石坤，段志祥，陈祖志，等	化学工业出版社
18	城市地下空间规划与设计	蒋雅君，郭春	西南交通大学出版社
19	智慧城市综合管廊技术理论与应用	张涛，戴文涛，丁宁	机械工业出版社
20	复杂城市环境下综合交通枢纽多层次地下空间结构修建关键技术研究与应用	张万斌，赵勇，王明年，等	西南交通大学出版社
21	地下笃行：福州地铁2号线建设技术创新与实践	中国交通总承包经营分公司（轨道交通分公司），中交海峡建设投资发展有限公司	人民交通出版社股份有限公司
22	地下建筑工程课程设计解析与实例	唐兴荣	机械工业出版社
23	走进地下空间：规划和创造未来城市	（荷）汉•阿德米拉尔，（奥）安东尼娅•科纳罗著；冯环译	人民交通出版社股份有限公司
24	城市地下空间开发与利用	雷升祥	人民交通出版社股份有限公司
25	日本地下空间考察与分析	雷升祥，丁正全，赵飞阳	人民交通出版社股份有限公司

续表

序号	书名	作者	出版社
26	城市综合管廊结构健康状况综合评价	郑立宁，王恒栋，蒋雅君	科学出版社
27	地下建筑结构	张子新，黄昕	中国建筑工业出版社
28	超深地下公共空间安全疏散设计	董莉莉，胡望社，邬锦，等	中国建筑工业出版社
29	城市地下物流系统总体布局规划研究	鲁斌	同济大学出版社
30	地下建筑结构设计原理与方法	李树忱，马腾飞，冯现大	人民交通出版社股份有限公司
31	城市地下空间韧性建设研究	郭翔，佘廉	科学出版社
32	向家坝地下电站工程实践	刘益勇，王毅，易志，等	中国三峡出版社
33	中国隧道及地下工程技术史（第一卷　建设历程）	刘辉	北京交通大学出版社
34	超大跨隧道设计理论与方法	吕刚，赵勇，刘建友，等	中国建筑工业出版社

资料来源：中国国家数字图书馆

7.4　学术交流

2021 年，"地下空间"领域的学术交流会议共举办了 23 场，会议地点最热门的城市为上海市，详见表 7.4.1。

表 7.4.1　2021 年"地下空间"学术会议一览表

月份	名称	主办单位	地点
3 月	2021 第八届中国（上海）地下空间开发大会	同济大学土木工程学院、深圳大学、国际地下空间联合研究中心、中国土木工程学会市政工程分会	上海
4 月	2021 中国（上海）国际隧道工程研讨会	中国土木工程学会市政工程分会、中国土木工程学会隧道及地下工程分会、中国岩石力学与工程学会隧道掘进机工程应用分会、上海市土木工程学会	上海
5 月	全域地球物理探测与智能感知学术研讨会	中国地球物理学会地球物理技术委员会、中国地质大学（武汉）、中国科学院地质与地球物理研究所、吉林大学仪器科学与电气工程学院、中南大学、成都理工大学、中国科学院空天信息创新研究院、中国地质大学（北京）、湖南致力工程科技有限公司、中国地球物理学会信息技术专业委员会、中国地球物理学会工程地球物理专业委员会	武汉
	2021 工程结构渗漏防治技术研讨会	同济大学土木工程学院建筑工程系	上海
6 月	"中国土木工程学会隧道及地下工程分会地下空间科技论坛年会"暨"2021 地下空间科技论坛-城市更新与地下空间"	中国土木工程学会隧道及地下工程分会	上海
8 月	城市地下空间防灾研讨会	中国岩石力学与工程学会、中国城市规划学会与中国建筑学会	线上
9 月	2021 建筑与地下工程抗浮技术研讨会	河南省土木建筑学会土力学与岩土工程分会、中国建筑学会地基基础分会、黄淮学院	驻马店

续表

月份	名称	主办单位	地点
9 月	2021 年中国城市地下空间可持续利用学术研讨会	陕西省地质调查院、中国地质调查局西安地质调查中心、长安大学、西安理工大学、西安市勘察测绘院、中石油煤层气有限责任公司	西安
	2021 粤港澳大湾区地铁产业大会	深圳市地铁集团有限公司、深圳市城市轨道交通协会、深圳市土木建筑学会	深圳
10 月	第三届地下空间开发和岩土工程新技术发展论坛	中国建筑学会工程勘察分会、中国建筑学会地下空间学术委员会、武汉土木建筑学会、武汉岩土工程学会、中南建筑设计院股份有限公司、岩土网	武汉
	第三届江苏省地下空间学术大会	江苏省地下空间学会	无锡
	2021 年全国工程地质学术年会	中国地质学会	青岛
	中国测绘学会 2021 学术年会分论坛十七：数字地下空间与精准位置论坛	中国测绘学会	青岛
	中国地球物理学会工程地球物理专业委员会 2021 年学术年会	中国地球物理学会工程地球物理专业委员会	宜昌
	中国地质学会 2021 年学术年会	中国地质学会	博鳌
	第十一届亚洲岩石力学大会	国际岩石力学与岩石工程学会	北京
11 月	2021 渤海科技论坛——黄河三角洲岩土与地下工程技术发展学术研讨会	滨州市科学技术协会、滨州学院[1]	滨州
	2021 韧性城市国际研讨会	浙江省科学技术协会、温州市人民政府、中国地质调查局南京地质调查中心、世界青年地球科学家（YES）联盟、中英资源与环境协会（UK-CARE）	温州
	第七届水利、土木工程学术会议暨智慧水利与智能减灾高峰论坛	河海大学	南京
	中国土木工程学会隧道及地下工程分会防水排水科技论坛第二十届学术交流会	中国土木工程学会隧道及地下工程分会防水排水科技论坛、上海市隧道工程轨道交通设计研究院	长春
12 月	2021 年中南大学应用地球物理研究生学术年会暨第 2 届 SEG 中国中南大学学生分会研讨会	中南大学地球科学与信息物理学院	长沙
	地下空间与基坑工程新技术学术交流研讨会	武汉岩土工程学会	武汉
	山东土木建筑学会地下空间工程专业委员会 2021 年年会	山东土木建筑学会地下空间工程专业委员会、山东土木建筑学会基坑工程专业委员会、山东土木建筑学会标准化工作委员会	济南

1）2023 年 11 月教育部同意滨州学院更名为山东航空学院

7.5　热点预测

在 2021 年地下空间科研基金、学术论文、学术会议中，智慧、平台、隧道、大数据、防灾、安全等关键词的频次较高，如图 7.5.1 所示。

结合"十三五"期间高频词变化趋势进行预测，地下空间科研与交流中涉及智慧、防灾、安全等方面的内容将持续成为"十四五"期间地下空间科研与交流的热点。

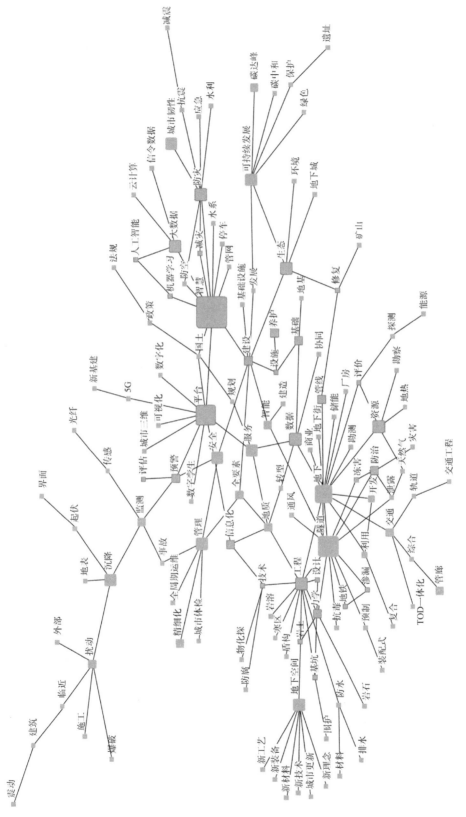

图7.5.1　关键词高频次语义网络分析图

第 8 章

地下空间灾害与事故

本书中地下空间灾害与事故的界定范围为在社会活动聚集的地下场所内（即除地下市政管线、地下市政场站以外的城市地下建筑物、构筑物）发生的灾害与事故。

8.1 总 体 概 况

根据 2021 年中央新闻网站、中央新闻单位、行业媒体、地方新闻网站、地方新闻单位和政务发布平台等报道的数据整理，2021 年地下空间灾害与事故共 105 起，死亡人数共计 128 人。其中"4·2"台湾列车出轨事故、"7·15"珠海隧道透水事故、郑州地铁5 号线"7·20 事件"3 起事故死亡人数均超过 10 人，共造成 77 人死亡，占地下空间灾害与事故总死亡人数的 60%。详见表 8.1.1。

表 8.1.1 2021 年城市地下空间灾害与事故中重大伤亡事故一览表

时间	地点	发生场所	类型	起因	死亡人数/人
4 月 2 日	台湾花莲	隧道	交通事故	工程车掉入隧道，致列车出轨	49
7 月 15 日	广东珠海	隧道	施工事故	隧道坍塌诱发透水事故	14
7 月 20 日	河南郑州	轨道交通	水灾	暴雨致地铁发生严重积水	14

8.2 空 间 分 布

从分布区域来看，2021 年全国共有 24 个省级行政区 48 个城市（数据包含港澳台）地下空间发生灾害与事故，其中广东、江苏、河南等地发生频次最高，发生频次最高的城市依次为上海、郑州、杭州和北京。东部地区依然是 2021 年城市地下空间灾害与事故的主要发生区域，如图 8.2.1、图 8.2.2 所示。

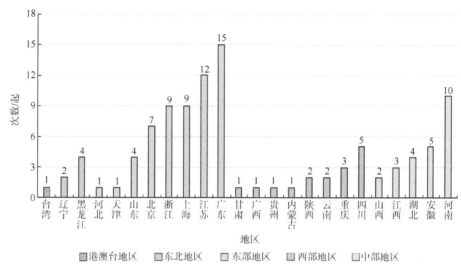

图 8.2.1　2021 年各省级行政区地下空间灾害与事故发生次数分析图

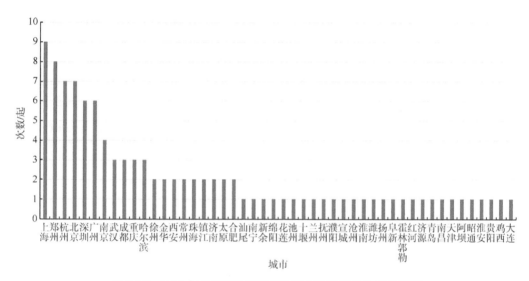

图 8.2.2　2021 年各城市地下空间灾害与事故发生次数分析图

8.3　事　故　类　型

2021 年发生地下空间灾害与事故的类型主要为火灾、水灾、施工事故、交通事故以及其他事故（中毒和窒息事故、爆炸事故、物体打击事故、触电事故等）。

2021 年地下空间灾害与事故各类型中发生最多的是火灾事故，共计 34 起，占所有灾害与事故数量的比例达 32%。水灾事故共计 31 起，占所有灾害与事故数量的比例达 30%，多由连续强降雨导致地下车库、地下室积水等。施工事故共计 25 起，占所有灾害与事故数量的比例达 24%。交通事故共计 3 起，占所有灾害与事故数量的比例达 3%。其他事故共计 12 起，占所有灾害与事故数量的比例达 11%（图 8.3.1），主要指地铁站点天花板掉落、漏电、爆炸等发生次数极少的事故。

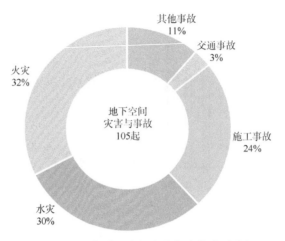

图 8.3.1   2021 年地下空间灾害与事故类型分析图

8.4 死 亡 统 计

2021 年地下空间灾害与事故造成死亡人数共计 128 人。交通事故是地下空间灾害与事故中伤亡人数最多的类型，共造成 50 人死亡；施工事故次之，共造成 38 人死；水淹以及雨水倒灌引起的水灾事故造成 21 人死亡；火灾造成 14 人死亡；其他事故造成 5 人死亡。如图 8.4.1 所示。

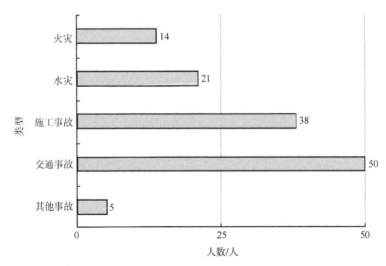

图 8.4.1   2021 年发生城市地下空间灾害与事故的死亡统计

结合伤亡人口分布，2021 年地下空间灾害与事故事件中，人员死亡最高的区域依次为台湾、河南、广东与辽宁，如图 8.4.2 所示。

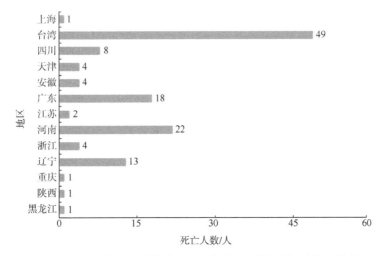

图 8.4.2　2021 年中国城市地下空间灾害与事故区域死亡情况统计

由地下空间灾害与事故引发的伤亡事件，其严重程度基本和目前中国地下空间开发利用水平正相关。较发达的地区地下空间利用率高，建设强度相对较大，发生地下空间灾害与事故的概率也随之提高。此类城市未来更需增强安全意识，加强安全教育，建立预警机制，加强应急措施。

8.5　季 节 分 析

与往年情况相似，2021 年夏季为城市地下空间灾害与事故多发期，共发生 36 起，冬季在全年中灾害与事故的发生相对较少。由火灾引发的地下空间事故主要发生在秋季，水灾多发生在夏季，施工事故多发生在春季（春季为 3 月、4 月、5 月；夏季为 6 月、7 月、8 月；秋季为 9 月、10 月、11 月；冬季为 12 月、1 月、2 月），如图 8.5.1 所示。

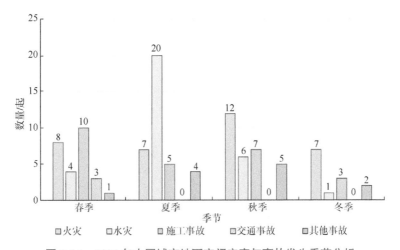

图 8.5.1　2021 年中国城市地下空间灾害与事故发生季节分析

2021 年城市地下空间灾害与事故高频次发生月份为 7 月、8 月、10 月和 11 月，均超过 10 起。地下空间灾害与事故发生频次最少的月份为 2 月，共发生 2 起。具体事故类型方面，火灾全年各月份均有发生，11 月达到峰值，水灾多发生在 7 月，达 14 起，施工事故发生月份相对均衡，如图 8.5.2 所示。

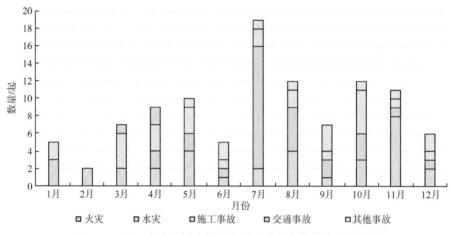

图 8.5.2　2021 年中国城市地下空间灾害与事故发生月份分析

8.6　发 生 场 所

2021 年地下空间灾害与事故发生的主要场所为地下车库、地下商场、地下室、地下通道、轨道交通、建筑基坑、隧道等。与往年相比，2021 年发生灾害与事故的主要场所发生变化，轨道交通成为高发场所，占比达到 28.6%，与地下车库持平，如图 8.6.1 所示。

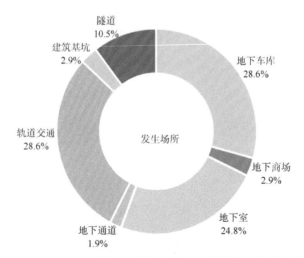

图 8.6.1　2021 年中国城市地下空间灾害与事故发生场所分析图

从灾害与事故类型和发生场所的关系来看，地下车库、地下室多发生火灾和水灾，轨道交通、隧道多发生施工事故，如图 8.6.2 所示。

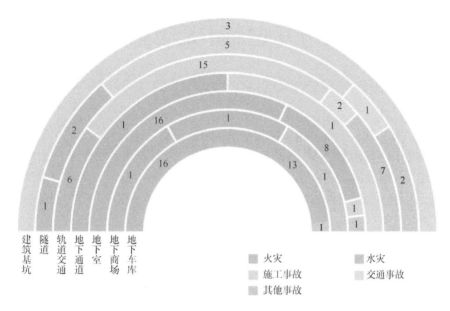

图 8.6.2　2021 年中国城市地下空间灾害与事故发生场所和事故类型分析图

附录 A 2021 年中国城市地下空间发展大事记

3 月 26—27 日

2021 第八届中国（上海）地下空间开发大会在上海嘉定召开。该会议是世界城市日的系列活动之一，主题为"应对气候变化——绿色安全高效利用城市地下空间"，来自全国知名高校、科研院所、企事业单位的百余名专家学者通过线上与线下方式参与会议，共同探讨了地下空间助力碳达峰、实现碳中和的路径。

6 月 17 日

中国第三条公路海底隧道——厦门第二西通道（厦门海沧隧道）试通车[①]。该工程破解了大断面富水地层及浅埋暗挖的施工难题，创立了一套城市复杂条件下地下工程建设的新技术，代表了我国海底隧道与城市隧道施工技术的最高水平[②]。

7 月 10 日

中国最大直径土压平衡盾构机"锦绣号"下线。该装备是中国迄今研制出的具有完全自主知识产权的土压平衡盾构机，开挖直径达 12.79 米，长 135 米，总重量约 3000 吨，装机功率 7500 千瓦[③]，由中铁十四局集团和中国铁建重工集团联合打造，将参与成都至自贡高铁锦绣隧道施工。

7 月 18 日

中国研制的最小直径泥水平衡盾构机"奎河力行号"顺利始发。该盾构机开挖直径 2.77 米，整机长度约 100 米，总重量约 140 吨，适应徐州市奎河综合整治工程复合地层掘进以及 60 米半径的转弯施工需求。[④]

9 月 23 日

位于山东肥城的国际首个盐穴先进压缩空气储能电站正式进入商业运行状态。该项目一期 10 兆瓦示范电站顺利通过发电并网验收，并正式并网发电，成为中国盐穴压缩空气储能领域的重要里程碑，推动了压缩空气储能技术迈上新台阶。[⑤]

---

① 中国大陆第三条公路海底隧道试通车[EB/OL]. http://www.sasac.gov.cn/n2588025/n2588124/c19187586/content.html[2021-06-21].

② 跨海大通道推动城市格局嬗变 海沧隧道使厦门迈入"四桥两隧"时代[EB/OL]. https://www.haicang.gov.cn/xx/ywdt/hcyw/jrhc/202209/t20220901_863757.htm[2022-09-01].

③ 矫阳. "锦绣号"盾构机下线 体积约是"胖五"的 15 倍[N]. 科技日报，2021-07-14（5）.

④ 国产最小直径泥水平衡盾构机始发[EB/OL]. http://www.sasac.gov.cn/n2588025/n2588124/c19813106/content.html[2021-07-22].

⑤ 张之豪. 山东肥城国际首套盐穴先进压缩空气储能国家示范电站正式并网发电[EB/OL]. https://cn.chinadaily.com.cn/a/202109/24/WS614d6feba3107be4979ef619.html[2021-09-24].

9 月 29 日

西部地区第一部直接针对地下空间开发利用的地方性法规颁布。《贵阳市地下空间开发利用条例》是继天津、上海、长春、青岛之后的第五部直接针对地下空间开发利用的地方性法规。

12 月 26 日

中国工程院战略咨询中心、中国岩石力学与工程学会地下空间分会以及中国城市规划学会联合发布了《2021 中国城市地下空间发展蓝皮书》[①]。

---

① 《2021 中国城市地下空间发展蓝皮书》出炉[N]. 建筑时报，2022-01-03（A08）.

附录 B 2021 年城市发展与地下空间开发建设综合评价

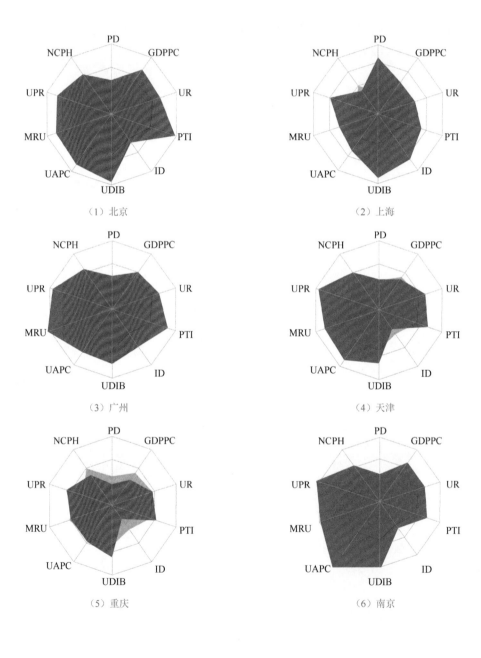

（1）北京

（2）上海

（3）广州

（4）天津

（5）重庆

（6）南京

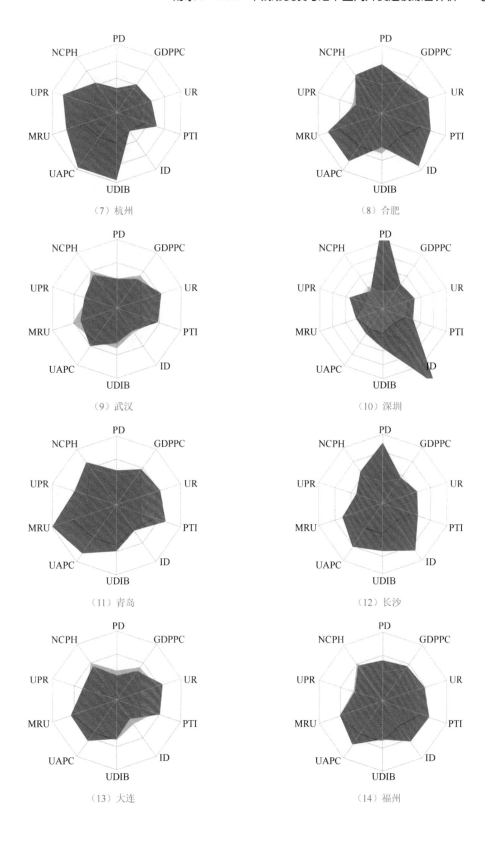

（7）杭州

（8）合肥

（9）武汉

（10）深圳

（11）青岛

（12）长沙

（13）大连

（14）福州

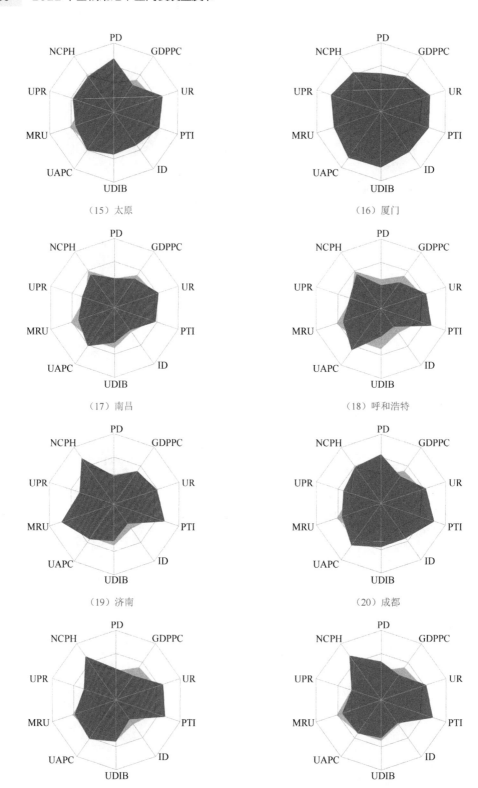

（15）太原

（16）厦门

（17）南昌

（18）呼和浩特

（19）济南

（20）成都

（21）沈阳

（22）西安

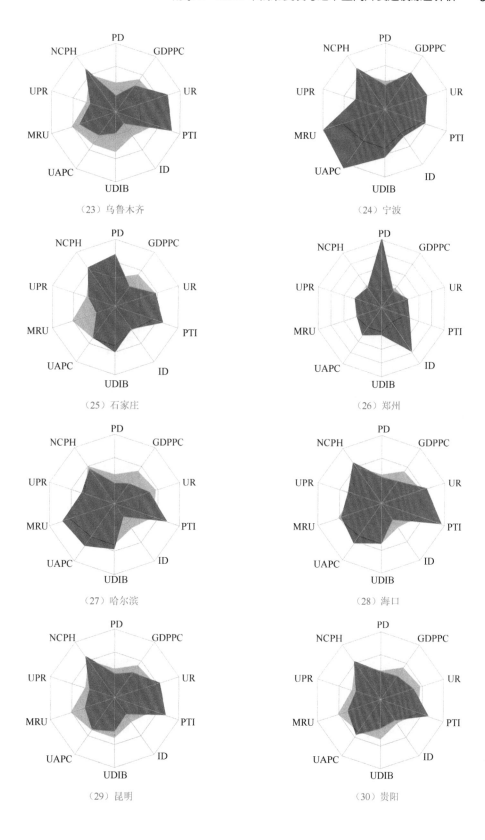

（23）乌鲁木齐

（24）宁波

（25）石家庄

（26）郑州

（27）哈尔滨

（28）海口

（29）昆明

（30）贵阳

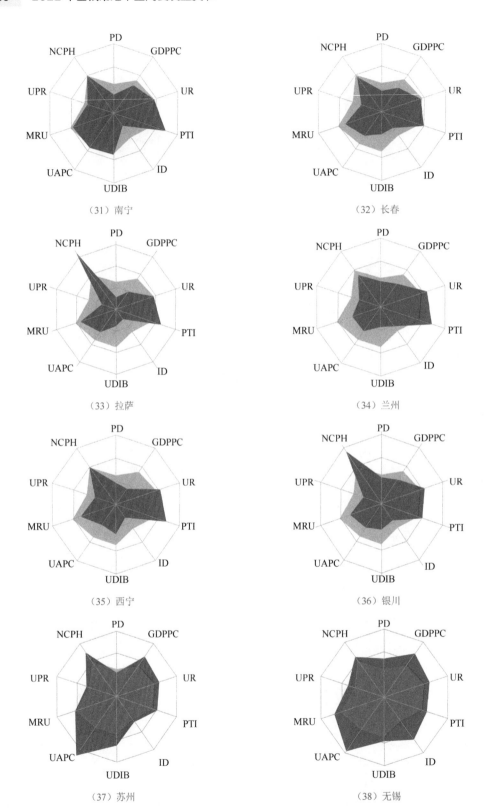

（31）南宁

（32）长春

（33）拉萨

（34）兰州

（35）西宁

（36）银川

（37）苏州

（38）无锡

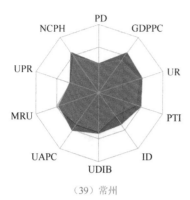

（39）常州

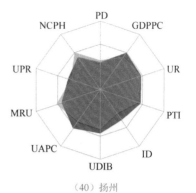

（40）扬州

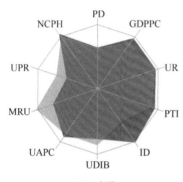

（41）南通

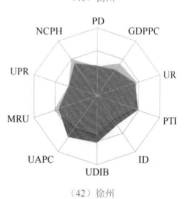

（42）徐州

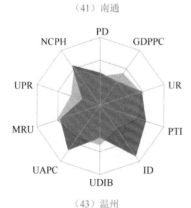

（43）温州

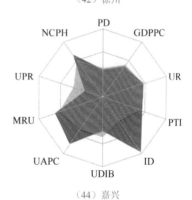

（44）嘉兴

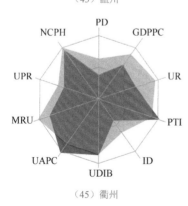

（45）衢州

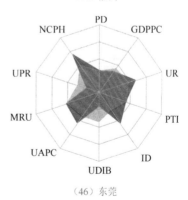

（46）东莞

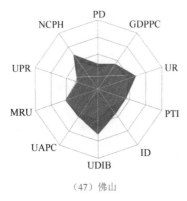

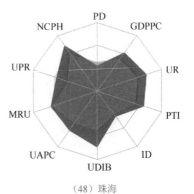

（47）佛山

（48）珠海

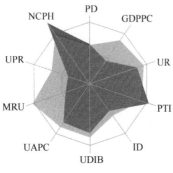

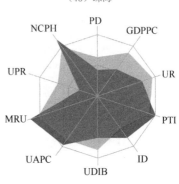

（49）保定

（50）沧州

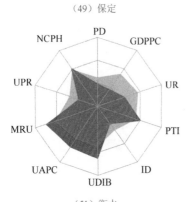

（51）衡水

（52）连云港

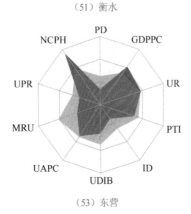

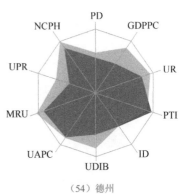

（53）东营

（54）德州

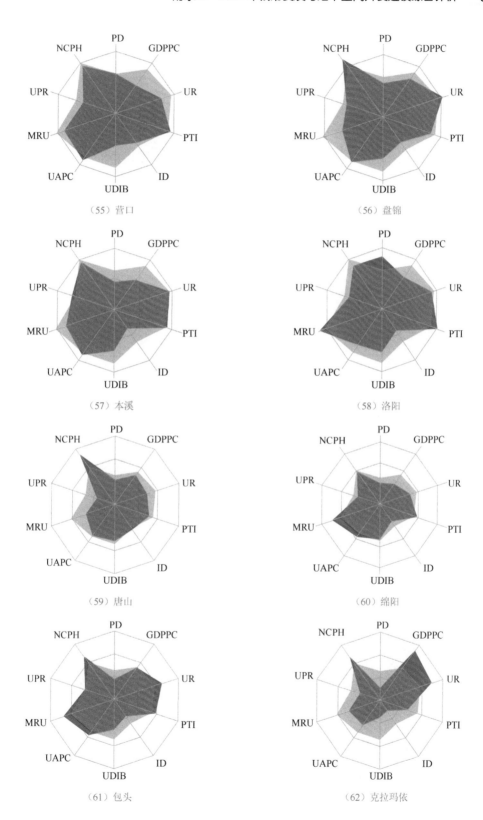

（55）营口

（56）盘锦

（57）本溪

（58）洛阳

（59）唐山

（60）绵阳

（61）包头

（62）克拉玛依

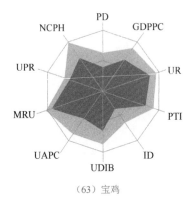

（63）宝鸡

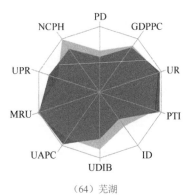

（64）芜湖

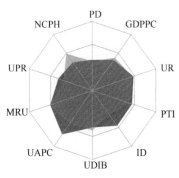

（65）马鞍山

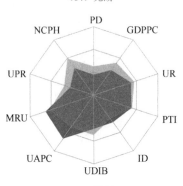

（66）滁州

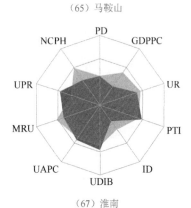

（67）淮南

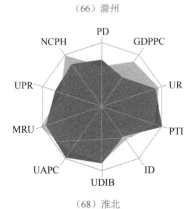

（68）淮北

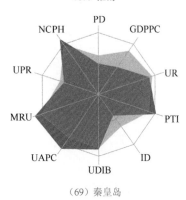

（69）秦皇岛

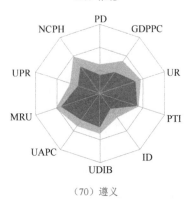

（70）遵义

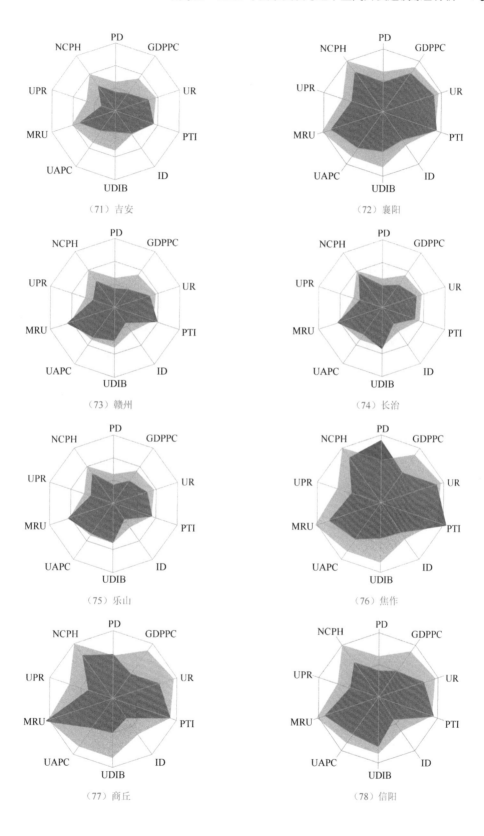

（71）吉安　　　　　　　　　（72）襄阳

（73）赣州　　　　　　　　　（74）长治

（75）乐山　　　　　　　　　（76）焦作

（77）商丘　　　　　　　　　（78）信阳

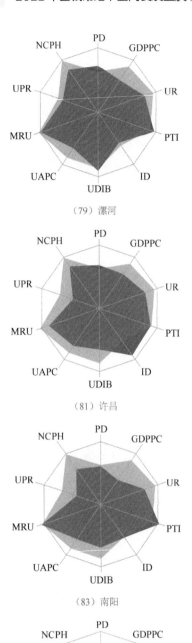

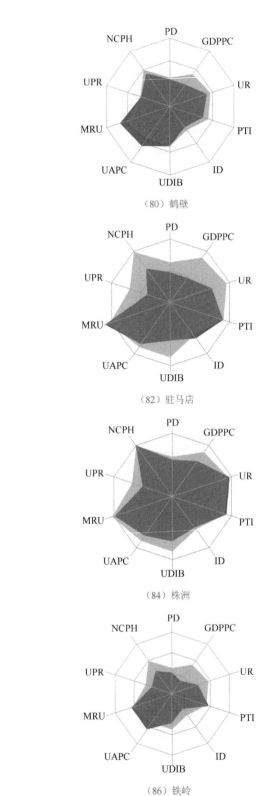

（79）漯河

（80）鹤壁

（81）许昌

（82）驻马店

（83）南阳

（84）株洲

（85）辽阳

（86）铁岭

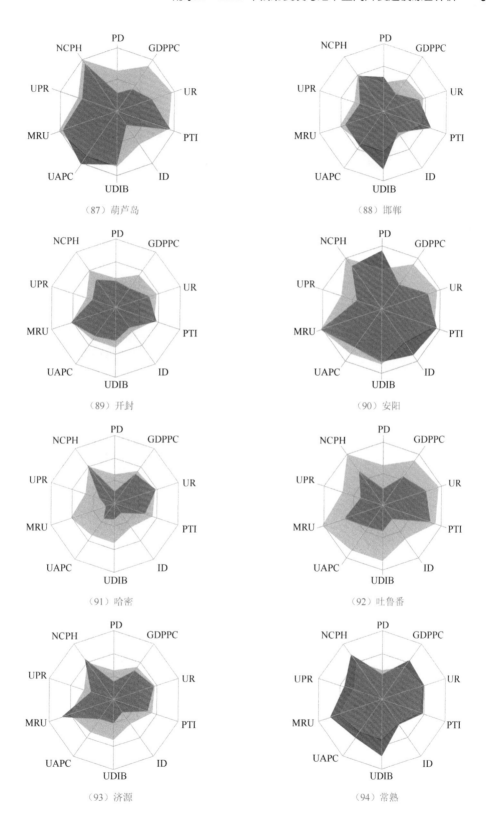

（87）葫芦岛

（88）邯郸

（89）开封

（90）安阳

（91）哈密

（92）吐鲁番

（93）济源

（94）常熟

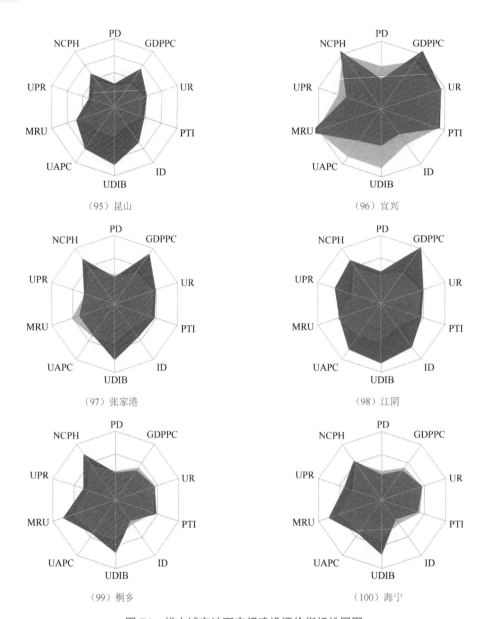

图 B1 样本城市地下空间建设评价指标蛛网图

红色为当前城市指标，灰色为地级市（地区）及以上城市平均值。PD 为人口密度，GDPPC 为人均 GDP，UR 为城镇化率，PTI 为第三产业比重，ID 为产业密度，NCPH 为小汽车百人保有量，UDIB 为建成区地下空间开发强度，UAPC 为人均地下空间规模，MRU 为地下空间社会主导化率，UPR 为停车地下化率

附录 C 2021 年城市地下空间灾害与事故统计

时间	类型	起因	死亡人数/人	发生场所	所在城市	信息来源
1 月 4 日	火灾	电动车自燃	0	地下车库	浙江省杭州市	杭州网	https://hznews.hangzhou.com.cn/shehui/content/2021-01/04/content_7886475.html
1 月 10 日	火灾	电动摩托故障起火	0	地下车库	广东省汕尾市	人民资讯	https://baijiahao.baidu.com/s?id=1688781046870013850&wfr=spider&for=pc
1 月 19 日	火灾	地下车库汽车起火	0	地下车库	上海市	东方网	https://j.eastday.com/p/1611114241022467
1 月 19 日	施工事故	轨道在建出入口发生局部塌陷	0	轨道交通	上海市	新民网	http://shanghai.xinmin.cn/xmsq/2021/01/19/31887491.html
1 月 22 日	施工事故	道路地质勘察施工钻穿地铁隧道	0	轨道交通	广西壮族自治区南宁市	广西南宁市应急管理局	http://yjj.nanning.gov.cn/zwgk/zdgk/sgdc/t4784097.html
2 月 15 日	火灾	地下室电动车起火	0	地下室	江苏省徐州市	生活报	https://baijiahao.baidu.com/s?id=1691937395831181618&wfr=spider&for=pc
2 月 20 日	火灾	地下室设备间起火	0	地下室	上海市	新民网	http://newsxmwb.xinmin.cn/shanghaitan/2021/02/21/31906625.html
3 月 4 日	施工事故	地质勘察打穿地铁隧道	0	轨道交通	广东省深圳市	深圳市南山区人民政府	http://www.szns.gov.cn/main/xxgk/zdlyxxgkml/aqsc/dcbg/content/post_8765351.html
3 月 4 日	交通事故	设备故障车厢脱道	0	轨道交通	江苏省南京市	光明网	https://m.gmw.cn/2021-03/04/content_1302147424.htm
3 月 11 日	施工事故	施工人员摔倒死亡	1	轨道交通	广东省深圳市	深圳市盐田区人民政府	http://www.yantian.gov.cn/cn/zwgk/tzgg/content/post_8873335.html

续表

时间	类型	起因	死亡人数/人	发生场所	所在城市	信息来源	
3月15日	火灾	地下车库发生火灾	0	地下车库	江西省新余市	东方网	https://j.eastday.com/p/1615977893770199895
3月16日	火灾	地下室发生火灾	0	地下室	湖北省武汉市	湖北消防	https://baijiahao.baidu.com/s?id=1694546588737581866&wfr=spider&for=pc
3月21日	施工事故	工地基坑垮塌	0	建筑基坑	浙江省杭州市	央广网	http://zj.cnr.cn/zjyw/20210322/t20210322_525442759.shtml
3月28日	施工事故	隧道跨塌	2	隧道	四川省绵阳市	峨边彝族自治县人民政府	http://www.eb.gov.cn/ebyzzzx/ebaqsc/202111/t74501f35ece64becbe29d41a4174cd75.shtml
4月2日	交通事故	工程车掉入隧道，致行驶列车出轨	49	隧道	台湾省花莲县	中国台湾网	http://www.taiwan.cn/taiwan/shizheng/202108/t20210824_12374106.htm
4月6日	火灾	高温熔融物掉落至负一层扶梯井，引发火灾	4	地下室	安徽省池州市	安徽省应急管理厅	http://yjt.ah.gov.cn/public/9377745/146279931.html
4月6日	施工事故	桩基施工发生坍塌	1	建筑基坑	浙江省金华市	武义县人民政府	http://www.zjwy.gov.cn/art/2022/8/22/art_1229423484_4009704.html
4月9日	施工事故	隧道发生基坑坍塌事故	1	隧道	河南省郑州市	河南省住房和城乡建设厅	https://hnjs.henan.gov.cn/2021/10-27/2335707.html
4月22日	火灾	电缆井发生火警	0	地下室	浙江省杭州市	杭州网	https://baijiahao.baidu.com/s?id=1697786459052354537&wfr=spider&for=pc
4月23日	水灾	暴雨致地下室被淹	0	地下室	湖北省十堰市	秦楚网	http://www.10yan.com/2021/0424/711312.shtml
4月26日	交通事故	人员翻越站台被撞身亡	1	轨道交通	上海市	环球网	https://society.huanqiu.com/article/42sVViOxhWZ
4月28日	水灾	地下通道积水	0	地下通道	甘肃省兰州市	兰州新闻网	http://www.lzbs.com.cn/lanzhounews/2021-04/29/content_4765440.htm
4月30日	施工事故	在建地下室发生坍塌事故	0	地下室	浙江省金华市	凤凰网	https://ishare.ifeng.com/c/s/v002H8Hp9sj2n0LMWi3iVYceaEMFnkE921hqih4sGtZ-_Qe0__

续表

时间	类型	起因	死亡人数/人	发生场所	所在城市	信息来源	
5月7日	施工事故	违章施工导致土体坍塌	1	轨道交通	浙江省杭州市	杭州市应急管理局	http://safety.hangzhou.gov.cn/art/2021/6/20/art_1229205158_58923126.html
5月13日	施工事故	地下通道工程附近塌陷	1	地下通道	陕西省西安市	中华网	https://news.china.com/socialgd/10000169/20210514/39573851.html
5月15日	火灾	电动车充电导致起火	0	地下室	江苏省常州市	央视网	https://jingji.cctv.com/2021/05/19/ARTIb1YfNLXLZIsy2I2Ctxbh210519.shtml
5月20日	水灾	轨道站点区间积水	0	轨道交通	上海市	新民网	http://newsxmwb.xinmin.cn/shanghaitan/2021/05/20/31960034.html
5月23日	火灾	车库电动车起火	0	地下车库	江苏省常州市	扬子晚报网	https://www.yangtse.com/zncontent/1366832.html
5月24日	其他事故	地铁一名乘客昏倒	0	轨道交通	北京市	焦点信息网	http://cs.cnjdz.net/rdpd/2021/0528/46337.html
5月24日	施工事故	施工击穿地铁区间隧道	0	轨道交通	四川省成都市	中国日报中文网	https://cn.chinadaily.com.cn/a/202105/25/WS60ac644aa3101e7ce975177c.html
5月26日	火灾	地下通道一车辆自燃	0	隧道	湖北省武汉市	经视直播	https://baijiahao.baidu.com/s?id=17008048595444 66769&wfr=spider&for=pc
5月27日	水灾	地下室遭污水倒灌	0	地下室	江西省抚州市	江西新闻网	https://jiangxi.jxnews.com.cn/system/2021/07/23/019344696.shtml
5月28日	火灾	电动车起火	0	地下车库	江苏省南京市	扬子晚报	http://epaper.yzwb.net/pc/con/202105/29/content_928763.html
6月1日	其他事故	一女子地铁站内晕倒	0	轨道交通	上海市	光明网	https://m.gmw.cn/baijia/2021-06/10/130235 1518.html
6月13日	水灾	暴雨致地下车库被淹	0	地下车库	河南省濮阳市	环球网	https://society.huanqiu.com/article/43X9rP3Trfk
6月15日	施工事故	基坑发生局部坍塌	2	建筑基坑	江苏省南京市	中国基建报	https://baijiahao.baidu.com/s?id=17203529421661 54939&wfr=spider&for=pc
6月21日	其他事故	负三楼发生爆炸事故	1	地下室	重庆市	重庆市沙坪坝区人民政府	http://www.cqspb.gov.cn/zwgk_235/xxgk_19662/fdzdgknr/yjgl/ydqk/202112/t20211203_10077876.html

续表

时间	类型	起因	死亡人数/人	发生场所	所在城市	信息来源	
6月24日	火灾	地下室起火	0	地下室	安徽省宣城市	安徽网	http://bb.ahwang.cn/bbnews/20210627/2253766.html
7月8日	施工事故	地质勘查钻穿地铁隧道	0	轨道交通	广东省广州市	中国基建报	https://baijiahao.baidu.com/s?id=1706619682639032091&wfr=spider&for=pc
7月11日	火灾	地下室电动车起火	0	地下室	河北省沧州市	今日沧州	https://baijiahao.baidu.com/s?id=1705331483987250514&wfr=spider&for=pc
7月15日	施工事故	隧道洪顶明塌诱发透水事故	14	隧道	广东省珠海市	央视新闻客户端	https://app.bjtitle.com/8816/newshow.php?newsid=5952172&typeid=5&did=&mood=push
7月16日	水灾	地下车库被淹	0	地下车库	安徽省淮南市	中国青年报	https://baijiahao.baidu.com/s?id=1705581871904378274&wfr=spider&for=pc
7月18日	水灾	强降雨导致地铁积水	0	轨道交通	北京市	光明网	https://m.gmw.cn/2021-07/18/content_1302413033.htm
7月18日	水灾	暴雨致地下车库和底商的地下室进水	0	地下车库	北京市	新京报	https://www.bjnews.com.cn/detail/162668169014913.html
7月20日	水灾	地铁5号线发生严重积水	14	轨道交通	河南省郑州市	央视新闻	https://baijiahao.baidu.com/s?id=1706413036742059733&wfr=spider&for=pc
7月20日	水灾	暴雨致京广北路隧道积水	6	隧道	河南省郑州市	环球网	https://china.huanqiu.com/article/44671C3QMt
7月20日	水灾	医院地下设备用房被淹	0	地下室	河南省郑州市	人民资讯	https://baijiahao.baidu.com/s?id=1706267128494553772&wfr=spider&for=pc
7月20日	水灾	暴雨致商场负一层被淹	0	地下商场	河南省郑州市	大众网	http://www.dzwww.com/xinwen/guoneixinwen/202107/t20210721_8802570.htm
7月20日	水灾	暴雨致地下车库被淹	1	地下车库	河南省郑州市	人民资讯	https://baijiahao.baidu.com/s?id=1707130252363455379&wfr=spider&for=pc

续表

时间	类型	起因	死亡人数/人	发生场所	所在城市	信息来源	
7 月 20 日	水灾	地下车库被淹，男子被困	0	地下车库	河南省郑州市	中华网	https://henan.china.com/news/hot/2021/0724/2530193759.html
7 月 22 日	火灾	地下室电动车充电引发火灾	0	地下室	山东省潍坊市	齐鲁网	http://weifang.iqilu.com/wfminsheng/2021/0723/4914671.shtml
7 月 27 日	其他事故	地下车库发生漏电	4	地下车库	辽宁省阜新市	新京报	https://www.bjnews.com.cn/detail/162737516914797.html
7 月 28 日	水灾	暴雨导致小区地下车库被淹	0	地下车库	江苏省扬州市	中国新闻网	https://baijiahao.baidu.com/s?id=1706527268496856812&wfr=spider&for=pc
7 月 28 日	水灾	暴雨导致地下车库被淹	0	地下车库	江苏省镇江市	扬子晚报	https://baijiahao.baidu.com/s?id=1706535904910467887&wfr=spider&for=pc
7 月 30 日	水灾	暴雨致地铁站大量雨水进入	0	轨道交通	广东省广州市	央视网	https://news.cctv.com/2021/07/30/ARTIm7jNBgAoo7AQTLVvkh4o210730.shtml
7 月 30 日	水灾	强降雨冲垮挡水墙，致地铁进入	0	轨道交通	广东省广州市	南方网	http://pc.nfapp.southcn.com/38/5745577.html
7 月 31 日	水灾	地下室因强降雨被水淹没	0	地下室	内蒙古自治区锡林郭勒盟	内蒙古消防	https://www.thepaper.cn/newsDetail_forward_13879521
8 月 7 日	火灾	地下车库电动车充电引发火灾	0	地下车库	上海市	东方网	https://j.eastday.com/p/1630275931770116527
8 月 16 日	火灾	电动自行车电中起火	0	地下室	江苏省徐州市	徐州都市晨报	https://www.thepaper.cn/newsDetail_forward_14087246
8 月 22 日	火灾	地下车库汽车起火	0	地下车库	广东省广州市	南方都市报	https://static.nfapp.southcn.com/content/202108/23/c5665462.html
8 月 23 日	施工事故	在建隧道冒顶塌方	0	隧道	云南省红河哈尼族彝族自治州	云南省应急管理厅	http://yjglt.yn.gov.cn/html/2021/zsyj_0827/2186.html

续表

时间	类型	起因	死亡人数/人	发生场所	所在城市	信息来源	
8月26日	水灾	大雨倒灌进地下车库	0	地下车库	浙江省杭州市	钱江晚报	https://baijiahao.baidu.com/s?id=1709159802836370207&wfr=spider&for=pc
8月29日	水灾	暴雨致隧道积水	0	隧道	河南省郑州市	中华网	https://news.china.com/socialgd/10000169/20210829/39938621.html
8月29日	水灾	暴雨致河水倒灌进地下车库	0	地下车库	重庆市	上游新闻	https://www.cqcb.com/county/chengkouxian/chengkouxianxinwen/2021-08-29/4406326_pc.html
8月30日	其他事故	地下商场吊顶坍塌	0	地下商场	广东省广州市	央视网	http://m.news.cctv.com/2021/08/30/ARTIPhPg7lq1gtQHEOO5nJzi210830.shtml
8月31日	施工事故	轨道施工发生事故	1	轨道交通	广东省深圳市	宝安区应急管理局	http://www.baoan.gov.cn/xxgk/zdly/aqsc/dcbg/content/post_9258677.html
8月31日	水灾	河水倒灌进小区地下室	0	地下室	河南省济源市	济源市人民政府	http://www.jiyuan.gov.cn/gov_special/fhwxfgz/fhw_rcdt845111.html
8月31日	火灾	地下车库发生火灾	1	地下车库	黑龙江省哈尔滨市	哈尔滨市道里区人民政府	http://www.hrbdli.gov.cn/hebdlq/col69/202206/c01_868576.shtml
8月31日	水灾	雨水倒灌致小区地下车库积水	0	地下车库	山东省济南市	搜狐新闻	https://www.sohu.com/a/487138628_121106991
9月1日	其他事故	轨道坑点天花板脱落	0	轨道交通	山东省青岛市	环球网	https://china.huanqiu.com/article/44bLmZardEq
9月7日	水灾	洪水涌进临江地下车库	0	地下车库	重庆市	中新网	https://www.chinanews.com.cn/shipin/cns-d/2021/09-07/news900403.shtml
9月10日	施工事故	施工网架结构体失稳坍塌	4	轨道交通	四川省成都市	中国新闻网	https://www.chinanews.com.cn/sh/2022/01-29/9664859.shtml
9月20日	其他事故	一男子突发心脏骤停	0	轨道交通	北京市	央视网	https://news.cctv.com/2021/09/26/ARTIXDuRhWcgtcu4TZhsDRaV210926.shtml
9月23日	其他事故	操作不当导致中毒	0	隧道	湖北省武汉市	湖北网络广播电视台	http://news.hbtv.com.cn/p/2053417.html

续表

时间	类型	起因	死亡人数/人	发生场所	所在城市	信息来源	
9 月 27 日	水灾	地下室积水	0	地下室	陕西省西安市	北京青年报	https://new.qq.com/rain/a/20210929A06URI00
9 月 30 日	火灾	电气线路故障	0	地下室	江西省南昌市	红谷滩区人民政府	http://hgt.nc.gov.cn/hgtqrmzf/xfjdgz/202110/65869b98f75641141847ed767ff168c9b.shtml
10 月 2 日	施工事故	施工振动导致滑移坍塌	2	轨道交通	浙江省杭州市	杭州市临平区人民政府	http://www.linping.gov.cn/art/2022/6/17/art_1229595445_4044271.html
10 月 4 日	水灾	积水致地铁部分路段停运	0	轨道交通	山东省济南市	大众网	http://jinan.dzwww.com/jrtt/t202110/t20211005_9250706.htm
10 月 4 日	水灾	地下室雨水倒灌	0	地下室	山西省太原市	中国新闻网	https://www.chinanews.com.cn/sh/2021/10-05/9580044.shtml
10 月 6 日	火灾	地下室杂物起火	0	地下室	浙江省杭州市	杭州网	https://hznews.hangzhou.com.cn/shehui/content/2021-10/07/content_8067738.htm
10 月 7 日	施工事故	轨道施工发生打击事故	1	轨道交通	广东省深圳市	深圳市宝安区人民政府	http://www.baoan.gov.cn/xxgk/zdly/aqsc/dcbg/content/post_9461085.html
10 月 9 日	火灾	电动车起火	0	地下室	上海市	新民晚报	http://wap.xinmin.cn/content/32041047.html
10 月 10 日	水灾	暴雨致地下车库被淹	0	地下车库	广东省珠海市	荆楚网	http://news.cnhubei.com/content/2021-10/11/content_14159544.html
10 月 12 日	施工事故	土方坍落砸中工人	4	轨道交通	天津市	天津市应急管理局	http://yjgl.tj.gov.cn/ZWGK6939/SGDCBG354/202203/t20220325_5840095.html
10 月 13 日	施工事故	岩体垮塌砸中钻工	2	隧道	四川省阿坝藏族羌族自治州	峨边彝族自治县人民政府	http://www.eb.gov.cn/ebyzzzx/ebaqsc/202111/7450f3f5ece64becbe29d41a4174cd75.shtml
10 月 17 日	火灾	地下车库车辆自燃	0	地下车库	四川省成都市	四川在线	https://sichuan.scol.com.cn/cddt/202110/58318439.html
10 月 18 日	其他事故	山体崩塌砸穿隧道	0	隧道	云南省昭通市	十堰广电网	http://www.syiptv.com/article/show/160277
10 月 26 日	施工事故	工人从脚手架上跌落	1	轨道交通	广东省深圳市	深圳市宝安区人民政府	http://www.baoan.gov.cn/xxgk/zdly/aqsc/dcbg/content/post_9501811.html

续表

时间	类型	起因	死亡人数/人	发生场所	所在城市	信息来源
11月1日	施工事故	地铁施工工人作业坠落	0	轨道交通	广东省深圳市	深圳市宝安区人民政府	http://www.baoan.gov.cn/gkmlpt/content/9/9501/mmpost_9501774.htm l#20469
11月12日	其他事故	上海地铁跳闸间停运	0	轨道交通	上海市	荆楚网	http://news.cnhubei.com/content/2021-11/12/content_14244686.html
11月14日	火灾	地下车库起火	0	地下车库	江苏省淮安市	中华网	https://news.china.com/socialgd/10000169/20211115/40286740.html
11月15日	火灾	地下商场发生火灾	0	地下商场	黑龙江省哈尔滨市	环球网	https://society.huanqiu.com/article/45b6tqLVgY9
11月18日	火灾	地下室杂物起火	0	地下室	安徽省合肥市	安徽网	http://www.ahwang.cn/hefei/20211125/2312854.html
11月22日	火灾	地下车库汽车起火	0	地下车库	北京市	京报网	https://news.bjd.com.cn/2021/11/24/10008862.shtml
11月23日	水灾	地下车库淹水	0	地下车库	贵州省贵阳市	贵阳网	https://baijiahao.baidu.com/s?id=1717930726912837294&wfr=spider&for=pc
11月26日	火灾	地下车库发生火灾	0	地下车库	安徽省合肥市	人民资讯	https://baijiahao.baidu.com/s?id=1717588632913725827&wfr=spider&for=pc
11月27日	火灾	地下室发生火灾	0	地下室	黑龙江省鸡西市	东北网	https://heilongjiang.dbw.cn/system/2021/11/29/058771506.shtml
11月29日	火灾	地下车库轿车起火	0	地下车库	黑龙江省哈尔滨市	环球网	https://society.huanqiu.com/article/45mguPTAIXI
11月30日	火灾	地下车库新能源轿车失火	0	地下车库	江苏省南京市	扬子晚报	https://www.yangtse.com/content/1336973.html
12月1日	其他事故	6号线一天花板砸中乘客头部	0	轨道交通	北京市	新京报	https://www.bjnews.com.cn/detail/163850327814013.html
12月3日	火灾	地下车库发生火灾	0	地下车库	江苏省镇江市	今日镇江	http://cmstop.zj.zjw.com.cn/p/141175.html
12月8日	施工事故	勘察钻穿轨道区间	0	轨道交通	广东省广州市	荆楚网	http://news.cnhubei.com/content/2022-04/16/content_14668507.html

续表

时间	类型	起因	死亡人数/人	发生场所	所在城市	信息来源	
12 月 10 日	其他事故	北京地铁一男子突发心脏骤停	0	轨道交通	北京市	京报网	https://news.bjd.com.cn/2022/01/14/10030315.shtml
12 月 21 日	水灾	污水管道破裂致地下室被淹	0	地下室	山西省太原市	人民资讯	https://baijiahao.baidu.com/s?id=1719895567045528971&wfr=spider&for=pc
12 月 31 日	火灾	违规使用电焊动火作业	9	地下室	辽宁省大连市	中华网	https://news.china.com/socialgd/10000169/20220104/40791815.html

关于数据来源、选取以及使用采用的说明

1. 数据收集截止时间

本书中城市经济、社会和城市建设等数据收集截止时间为 2022 年 12 月 31 日。

2. 数据的权威性

本书所收集、采用的城市经济与社会发展等数据，均以政府网站所公布的城市统计年鉴、城市建设统计年鉴、政府工作报告、统计公报为准。

本书所收集的城市地下空间政策法规文件、灾害与事故数据统计来源依据国家网信办 2021 年 10 月公开发布的《互联网新闻信息稿源单位名单》，名单涵盖中央新闻网站、中央新闻单位、行业媒体、地方新闻网站、地方新闻单位和政务发布平台等共 1358 家稿源单位。名录详见国家网信办网站（https://www.cac.gov.cn/2021-10/20/c_1636326280912456.htm）。

3. 数据的准确性

原则上以年度统计年鉴的数据为基础数据，但由于中国城市统计数据对外公布的时间有较大差异，因此以时间为标准，按统计年鉴—城市建设统计年鉴—政府工作报告—统计公报—统计局信息数据—政府官方网站的次序进行采用。

本书部分数据合计数或相对数由于单位取舍不同产生的计算误差均未作机械调整；凡与本书有出入的蓝皮书历史数据，均以本书为准。

主要指标解释

1. 建成区地下空间开发强度

建成区地下空间开发强度为建成区地下空间开发规模与建成区面积之比，是衡量地下空间资源利用有序化和内涵式发展的重要指标，开发强度越高，土地利用经济效益就越高。

建成区地下空间开发强度=建成区地下空间开发规模/建成区面积

2. 人均地下空间规模

城市或地区地下空间面积的人均拥有量是衡量城市地下空间建设水平的重要指标。

人均地下空间规模=地下空间总规模/常住人口

3. 地下空间社会主导化率

地下空间社会主导化率为城市普通地下空间规模（扣除人防工程规模）占地下空间总规模（含人防工程规模）的比例，是衡量城市地下空间开发的社会主导或政策主导特性的指标。

地下空间社会主导化率=普通地下空间规模/地下空间总规模

4. 停车地下化率

停车地下化率为城市（城区）地下停车泊位占城市实际总停车泊位的比例，是衡量城市地下空间功能结构、基础设施合理配置的重要指标。

停车地下化率=地下停车泊位/城市实际总停车泊位